江苏联合职业技术学院院本教材
经学院教材审定委员会审定通过

机械拆装技术

主　编　朱仁盛　丁金水
参　编　陈海滨　芮桃明　钱志芳
　　　　朱和军　黄　峰　刘　磊
　　　　张　精
主　审　张国军

北京理工大学出版社
BEIJING INSTITUTE OF TECHNOLOGY PRESS

内 容 简 介

本书是五年制高等职业院校课程改革成果系列教材之一,是高等职业教育特色精品课程"十三五"规划教材,根据教育部新一轮职业教育教学改革成果——最新研发的机电一体化技术专业专业人才培养方案中"机械拆装技能训练"课程标准,并参照相关最新国家职业标准及有关行业的职业标准规范编写的。

本书从项目化教学法角度出发,通过项目导入、知识储备、项目实施、项目评价、知识拓展等环节介绍了自行车拆装训练、摩托车拆装训练、平口钳拆装训练、齿轮泵拆装训练、变速动力箱拆装训练、典型冷冲模拆装训练六个项目训练内容。

本书可作为高等职业院校和中等专业学校机电大类专业的专业教材,也可作为相关行业岗位培训教材及有关人员自学用书。

版权专有　侵权必究

图书在版编目(CIP)数据

机械拆装技术 / 朱仁盛,丁金水主编 . —北京:北京理工大学出版社,2018.1(2024.7 重印)
ISBN 978-7-5682-5293-5

Ⅰ.①机… Ⅱ.①朱… ②丁… Ⅲ.①装配(机械) Ⅳ.①TH163

中国版本图书馆 CIP 数据核字(2018)第 025709 号

出版发行 /	北京理工大学出版社有限责任公司
社　　址 /	北京市海淀区中关村南大街 5 号
邮　　编 /	100081
电　　话 /	(010)68914775(总编室)
	(010)82562903(教材售后服务热线)
	(010)68948351(其他图书服务热线)
网　　址 /	http://www.bitpress.com.cn
经　　销 /	全国各地新华书店
印　　刷 /	廊坊市印艺阁数字科技有限公司
开　　本 /	787 毫米 ×1092 毫米　1/16
印　　张 /	12
字　　数 /	282 千字
版　　次 /	2018 年 1 月第 1 版　2024 年 7 月第 6 次印刷
定　　价 /	35.00 元

责任编辑 / 赵　岩
文案编辑 / 赵　岩
责任校对 / 周瑞红
责任印制 / 李志强

图书出现印装质量问题,请拨打售后服务热线,本社负责调换

序言
PREFACE

2015年5月，国务院印发关于《中国制造2025》的通知，通知重点强调提高国家制造业创新能力，推进信息化与工业化深度融合，强化工业基础能力，加强质量品牌建设，全面推行绿色制造及大力推动重点领域突破发展等，而高质量的技能型人才是实现这一发展战略的重要途径。

为全面贯彻国家对于高技能人才的培养精神，提升五年制高等职业教育机电类专业教学质量，深化江苏联合职业技术学院机电类专业教学改革成果，并最大限度共享这一优秀成果，学院机电专业协作委员会特组织优秀教师及相关专家，全面、优质、高效地修订及新开发了本系列规划教材，并配备数字化教学资源，以适应当前的信息化教学需求。

本系列教材所具特色如下：

➢ 教材培养目标、内容结构符合教育部及学院专业标准中制定的各课程人才培养目标及相关标准规范。

➢ 教材力求简洁、实用，编写上兼顾现代职业教育的创新发展及传统理论体系，并使之完美结合。

➢ 教材内容反映了工业发展的最新成果，所涉及标准规范均为最新国家标准或行业规范。

➢ 教材编写形式新颖，教材栏目设计合理，版式美观，图文并茂，体现了职业教育工学结合的教学改革精神。

➢ 教材配备相关的数字化教学资源，体现了学院信息化教学的最新成果。

本系列教材在组织编写过程中，得到了江苏联合职业技术学院各位领导的大力支持与帮助，并在学院机电专业协作委员会全体成员的一直努力下，顺利完成出版。由于各参与编写作者及编审委员会专家时间相对仓促，加之

PREFACE

行业技术更新较快,教材中难免有不当之处,也请广大读者予以批评指正,再次一并表示感谢!我们将不断完善与提升本系列教材的整体质量,使其更好地服务于学院机电专业及全国其他高等职业院校相关专业的教育教学,为培养新时期下的高技能人才做出应有的贡献。

江苏联合职业技术学院机电协作委员会

2017.12

前言
FOREWORD

本书是五年制高等职业院校课程改革成果系列教材之一。在教育部新一轮职业教育教学改革的进程中，来自高等职业院校教学工作一线的骨干教师和学科带头人以及国赛金牌教练，通过社会调研，对劳动力市场人才需求分析和进行课题研究，在企业有关人员的积极参与下，研发了机电一体化技术专业的人才培养方案，并制定了相关核心课程标准。本书是根据"机械拆装技能"核心课程标准，参照相关最新国家职业标准及有关行业的职业标准规范而编写。

机械拆装技能是高等、中等职业技术教育"机电技术、数控技术、模具设计与制造"等机电大类专业的一门入门基础技术课程；是一门实践性很强的技术课程；是一门具体体现和实现培养目标为后续专业理论课程、技能课程学习奠定基础的重要课程；是一门帮助学生熟悉机械拆装工艺的技能课程。

本书选用了项目化教学法，通过项目导入、知识储备、项目实施、项目评价、知识拓展等环节介绍了自行车拆装训练、摩托车拆装训练、平口钳拆装训练、齿轮泵拆装训练、变速动力箱拆装训练、典型冷冲模拆装训练六个项目训练内容。知识储备内容介绍了机械拆装所需的基础知识，含拆卸和装配工艺要领、常用件的拆装等核心内容，项目的选择与职业岗位活动紧密相关的典型拆装项目为主要内容，兼顾机电类各技术工种及不同地区的训练条件等因素，项目内容中注重新知识、新技术、新工艺、新方法的介绍，为学生后续课程的学习奠定基础。

1. 本教材具体学习目标

（1）培养学生养成良好的职业道德和职业素养，具备团队合作和人际交往的能力，能吃苦耐劳、诚实守信、精益求精、创新创优；

（2）通过训练使学生会熟练识读和理解中等复杂零件图样和简单装配图样以及装配文件；

（3）通过学习与训练，巩固和强化机械制造技术基础模块已学知识，为后续课程的学习奠定必要的基础；

（4）通过学习与训练，使学生掌握机械总成；能分析被拆卸机械各零部件及其相互间的连接关系；熟悉机械拆装的方法与步骤以及拆装过程中的注意事项；

（5）通过训练，使学生熟悉零部件拆卸后的正确放置、分类及清洗方法；

FOREWORD

(6) 通过训练,使学生能根据项目的技术要求正确选用工、量、刃具,掌握各组件的装配和装配后的技术检测方法;

(7) 通过学习与训练,使学生熟悉机构的工作原理、结构特点以及各零件的功用和装配关系;

(8) 通过训练,使学生具有较强的安全生产、环境保护、节约资源的意识,会正确处理生产中出现的突发事故。

2. 学时分配建议

序号	课题项目	课时	备注
1	项目一 自行车拆装实训	20	项目一、项目二二选一计20
2	项目二 摩托车拆装实训	20	
3	项目三 平口钳拆装实训	5	
4	项目四 齿轮泵拆装实训	6	
5	项目五 变速动力箱拆装实训	15	
6	项目六 典型冷冲模拆装实训	18	可选择塑料模拆装实训
7	机动	2	
8	合计	60	

注:各校可根据本校设备实际情况适当选择训练项目,条件许可的要做全所有的训练项目,课时可以适当调度。

本书由江苏省名师工作室领衔人泰州机电高等职业技术学校朱仁盛和江苏省高淳中等专业学校丁金水主编,江苏联合职业技术学院海门分院陈海滨、黄峰老师、江苏省高淳中等专业学校芮桃明老师、无锡机电高等职业技术学校钱志芳老师、镇江高等职业技术学校朱和军老师、无锡技师学院刘磊、张精老师参编。项目五选择了国赛装配钳工的指定项目,本项目是在国赛金牌教练黄贤伟老师亲自指导下撰写的,全书由盐城机电高等职业技术学校张国军副教授审稿,他们对书稿提出了许多宝贵的修改意见和建议,提高了书稿质量,在此一并表示衷心的感谢!

本书作为"十三·五"系列规划教材之一,在推广使用中,非常希望得到其教学适用性反馈意见,以便不断改进与完善。由于编者水平有限,书中错漏之处在所难免,敬请读者批评指正。

编 者

目录
CONTENTS

项目一　自行车拆装实训……………1
　项目导入………………………………… 1
　知识储备………………………………… 1
　项目实施………………………………… 34
　　任务一　自行车拆卸………………… 35
　　任务二　自行车装配………………… 37
　项目评价………………………………… 39

项目二　摩托车拆装实训…………40
　项目导入………………………………… 40
　知识储备………………………………… 40
　项目实施………………………………… 79
　　任务一　摩托车拆卸………………… 79
　　任务二　摩托车装配………………… 86
　项目评价………………………………… 87

项目三　平口钳拆装实训…………88
　项目导入………………………………… 88
　知识储备………………………………… 88
　项目实施………………………………… 91
　　任务一　平口钳拆卸………………… 91
　　任务二　平口钳装配………………… 93
　项目评价………………………………… 96
　项目拓展………………………………… 96

项目四　齿轮泵拆装实训……………99
　项目导入………………………………… 99
　知识储备………………………………… 99
　项目实施………………………………… 110
　　任务一　齿轮泵拆卸………………… 111
　　任务二　齿轮泵装配………………… 114
　项目评价………………………………… 118

项目五　变速动力箱拆装实训………119
　项目导入………………………………… 119
　知识储备………………………………… 119
　项目实施………………………………… 129
　　任务一　变速动力箱拆卸…………… 129
　　任务二　变速动力箱装配…………… 131
　项目评价………………………………… 138
　项目拓展………………………………… 138

项目六　典型冷冲模拆装实训………145

项目导入……………………… 145

知识储备……………………… 145

项目实施……………………… 164

　任务一　典型冷冲模拆卸………… 164

　任务二　典型冷冲模装配………… 166

项目评价……………………… 168

项目拓展……………………… 168

　任务一　典型塑料模拆卸………… 178

　任务二　典型塑料模装配………… 179

参考文献……………………… 180

项目一 自行车拆装实训

项目导入

自行车是人们常用的交通工具,通过自行车的拆卸实训:首先,让学生了解自行车的车体结构和自行车主要零部件的基本构造与组成,如车架部件、前叉部件、链条部件、前轴部件、中轴部件、后轴部件、飞轮部件等,增强对机械零部件的感性认识。其次,让学生了解前轴部件、中轴部件、后轴部件的安装位置、定位和固定。最后,让学生熟悉自行车拆装后的调整过程,初步掌握自行车的一般维修技术,完成实训报告。

知识储备

一、机械拆卸的基本知识

1. 机械拆卸前的准备工作

拆卸工作是设备使用与维护中重要的一个环节。若在拆卸过程中存在考虑不周全、方法不恰当、工具不合理等问题,都可能造成被拆卸的零部件损坏,甚至使整台设备的精度降低,工作性能受到严重影响。

为使拆卸工作能够顺利进行,必须做好拆卸前的一系列准备工作:首先,仔细研究设备的技术资料,认真分析设备的结构特点,传动系统、零部件的结构特点、配合性质和相互位置关系。其次,明确它们的用途,在熟悉以上各项内容的基础上,确定拆卸方法,选用合理的工具。最后,开始拆卸工作。

查阅资料
自行车的分类及组成有哪些?

2. 机械拆卸的顺序及注意事项

在拆卸设备时,应按照与装配相反的顺序进行,一般是按照从外向内、从上向下,先拆成部件或组件,再拆成零件的顺序进行。在拆卸过程中应注意以下事项:

(1) 对不易拆卸或拆卸后会降低连接质量和损坏的连接件,应尽量不拆卸,如密封连接、过盈连接、铆接及焊接等连接件。

（2）拆卸时用力应适当，特别要注意对主要部件的拆卸，不能使其发生任何程度的损坏。对于彼此互相配合的连接件，在必须损坏其中一个的情况下，应保留价值较高、制造困难或质量较好的零件。

（3）用锤击法冲击零件时，必须垫加较软的衬垫或用较软材料的锤子（如铜锤）或冲棒，以防损坏零件表面。

（4）对于长径比值较大的零件，如较精密的细长轴、丝杠等零件，拆下后应竖直悬挂；对于重型零件需用多个支撑点支撑后卧放，以防变形。

（5）拆卸下的零件应尽快清洗和检查。对于不需更换的零件要涂上防锈油；对于一些精密的零件，最好用油纸包好，以防锈蚀或碰伤；对于零部件较多的设备，最好以部件为单位放置，并做好标记。

（6）对于拆卸下来的较小或容易丢失的零件，如紧定螺钉、螺母、垫圈、销子等，清洗后能装上的尽量装上，防止丢失。轴上的零件在拆卸后，最好按原来的次序临时装到轴上，或用铁丝穿到一起放置，这对最后的装配工作能带来很大方便。

（7）拆卸下来的导管、油杯等油、水、气的通路及各种液压元件，在清洗后均需将进出口进行密封，以免灰尘、杂质等物侵入。

（8）在拆卸旋转部件时，应注意尽量不破坏原来的平衡状态。

（9）对于容易产生位移而又无定位装置或有方向性的连接件，在拆卸后应做好标记，以便装配时辨认。

> **观察思考**
> 自行车拆卸过程中以上哪些内容是重点注意事项？

3. 机械拆卸的常用方法

对于设备拆卸工作，应根据设备零部件的结构特点，采用不同的拆卸方法。常用的拆卸方法有击卸法、拉拔法、顶压法、温差法和破坏法等。

1）击卸法

击卸法是拆卸工作中最常用的方法，它是用锤子或其他重物对需要拆下的零部件进行冲击，从而把零件拆卸下来的一种方法。

（1）用锤子击卸。用锤子敲击拆卸时应注意以下事项：

① 要根据被拆卸零件的尺寸、形状及配合的牢固程度，选用恰当的锤子，且锤击时用力要适当。

② 必须对受击部位采取相应的保护措施，切忌用锤子直接敲击零件。一般应使用铜棒、胶木棒或木板等来保护受敲击的轴端、套端和轮辐等易变形、强度较低的零件或部位。拆卸精密或重要零部件时，还应制作专用工具加以保护，如图1-1所示。

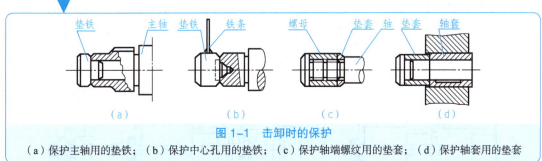

图1-1　击卸时的保护

（a）保护主轴用的垫铁；（b）保护中心孔用的垫铁；（c）保护轴端螺纹用的垫套；（d）保护轴套用的垫套

③ 应选择合适的锤击点，以防止零件变形或损坏。对于带有轮辐的带轮、齿轮等，应锤击轮与轴配合处的端面，锤击点要对称，不能敲击外缘或轮辐。

④ 对于严重锈蚀而难以拆卸的连接件，不能强行锤击，应加煤油浸润锈蚀部位，当略有松动时再进行锤击。

（2）利用零件自重冲击拆卸。

图1-2所示为利用自重冲击拆卸蒸汽锤锤头示意图。锤杆与锤头是由锤杆锥体胀开弹性套而产生过盈连接的。为了保护锤体和便于拆卸，在锥孔中衬有阴极铜片。拆卸前，先将锤头上的承击垫铁拆去，用两端平整、直径小于锥孔小端5 mm左右的阴极铜棒作冲铁，放在下垫铁上，并使冲铁对准锥孔中心。在下垫铁上垫好木板，然后开动蒸汽锤下击，即可利用锤头的惯性将锤头从锤杆上拆卸下来。

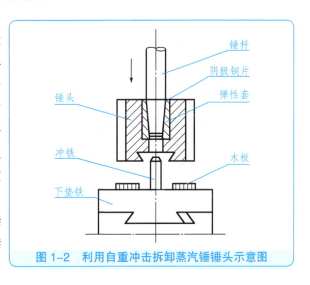

图1-2　利用自重冲击拆卸蒸汽锤锤头示意图

（3）利用其他重物冲击拆卸。

图 1-3 所示为利用吊棒冲击拆卸锻锤中节楔条示意图。先将圆钢靠近两端处焊上两个吊环，然后用起吊装置将圆钢吊起来，如图 1-3（b）所示。再将楔条小端倒角，以防冲击时端头变大而使拆卸困难，最后用圆钢冲击楔条小端，即可将配合牢固的楔条拆下。在拆卸大、中型轴类零件时，也可采用这种方法。

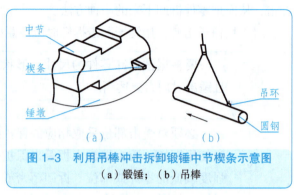

图 1-3 利用吊棒冲击拆卸锻锤中节楔条示意图
（a）锻锤；（b）吊棒

2）拉拔法

（1）轴套的拉卸。轴套一般都是用硬度较低的铜、铸铁或其他轴承合金制成的，如果拆卸不当，很容易使轴套变形或拉伤配合表面。因此，无须拆卸时尽量不去拆卸，只做清洗或修整即可。对于必须拆卸的可用专用或自制拉具拆卸，如图 1-4 所示。

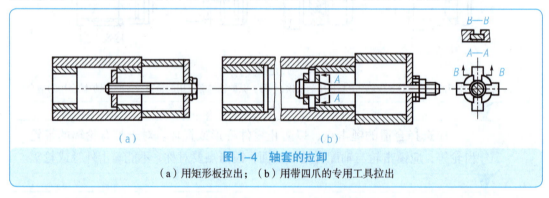

图 1-4 轴套的拉卸
（a）用矩形板拉出；（b）用带四爪的专用工具拉出

（2）轴端零件的顶拔。位于轴端的带轮、链轮、齿轮和滚动轴承等零件，可用不同规格的顶拔器进行顶拔拆卸，如图 1-5 所示。

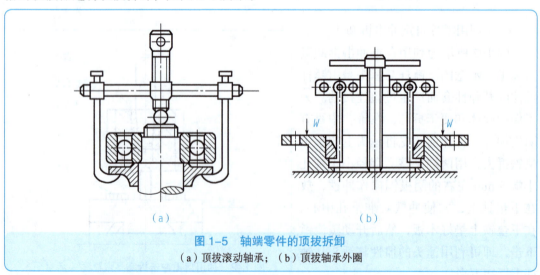

图 1-5 轴端零件的顶拔拆卸
（a）顶拔滚动轴承；（b）顶拔轴承外圈

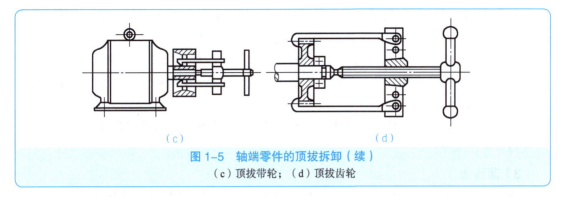

图 1-5 轴端零件的顶拔拆卸（续）
（c）顶拔带轮；（d）顶拔齿轮

（3）钩头键的拉卸。图 1-6 所示为两种钩头键的拉卸方法。使用这两种工具既方便又不会损坏钩头键和其他零件。

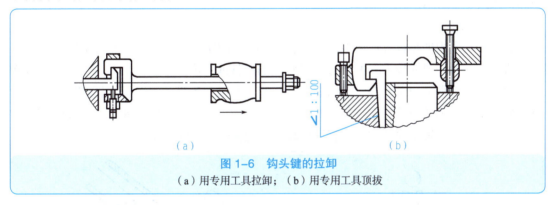

图 1-6 钩头键的拉卸
（a）用专用工具拉卸；（b）用专用工具顶拔

（4）轴的拉卸。对于端面有内螺纹且直径较小的传动轴，可用拔销器拉卸，如图 1-7 所示。

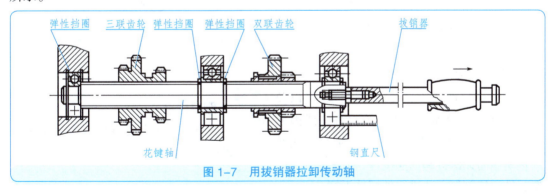

图 1-7 用拔销器拉卸传动轴

温馨提示

拉卸轴类零件时，应注意以下事项：

①拆卸前应熟悉拆卸部位的装配图和有关技术资料，了解拆卸部位的结构和零部件的配合情况。

②拉卸前应仔细检查轴和轴上的定位件、紧固件等是否已完全拆除或松开，如弹性挡圈及紧定螺钉等。

③要根据装配图确定正确的拉出方向。拉出的方向应从箱体孔的大端将轴拉出来。拆卸时应先进行试拔,待拉出方向确定后再正式拉卸。

④在拉卸轴的过程中,还要经常检查轴上的零件是否被卡住,防止影响拆卸过程。例如轴上的键易被齿轮、轴承、衬套等卡住,弹性挡圈、垫圈等落入轴上的退刀槽内使轴被夹住。

⑤在拉卸过程中,从轴上脱落下来的零件要设法接住,以避免零件落下时被碰坏或砸坏其他零件。

3)顶压法

顶压法适用于形状简单的过盈配合件的拆卸。常利用油压机、螺旋压力机、千斤顶、C形夹头等进行拆卸。当不便使用上述工具进行拆卸时,可采用工艺螺孔,借助螺钉进行顶卸,如图1-8所示。

4)温差法

温差法是采用加热包容件或冷冻被包容件,同时借助专用工具来进行拆卸的一种方法。温差法适用于拆卸尺寸较大、配合过盈量较大的机件或精度要求较高的配合件。加热或冷冻必须快速,否则会使配合件一起胀缩以致包容件与被包容件不易分开。拆卸轴承内圈时可用如图1-9所示的简易方法进行。其具体方法是将绳子绕在轴承内圈上,反复快速拉动绳子,摩擦生热使轴承内圈增大,就可以较容易地从轴上拆卸下来。

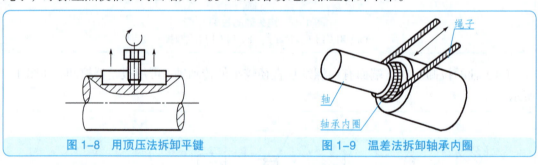

图1-8 用顶压法拆卸平键　　图1-9 温差法拆卸轴承内圈

5)破坏法

对于必须拆卸的焊接、铆接、胶接以及难以拆卸的过盈连接等固定连接件,或因发生事故使花键轴扭曲变形、轴与轴套咬死及严重锈蚀而无法拆卸的连接件,可采用车、锯、錾、钻、气割等方法进行破坏性拆卸。

> **观察思考**
> 在自行车拆卸过程中以上哪种方法用得比较多?

二、机械装配的基本知识

按照一定的精度标准和技术要求,将若干个零件组合成部件或将若干个零件、部件组合成机构或机器的工艺过程,称为装配。在机器或机构的使用与维护过程中,要对设备或部件根据需要进行拆卸、清洗和修复,还要进行装配,所以装配是机

> **查阅资料**
> 装配工艺规程有哪些?

械拆装应该掌握的一项重要操作技能。

1. 装配前的准备工作

在装配过程中，零件的清洗与清理工作对提高装配质量、延长设备使用寿命都具有十分重要的意义。特别是对轴承、液压元件、精密配合件、密封件和有特殊要求的零件更为重要。如果清洗和清理工作做得不好，会使轴承发热、产生噪声，并加快磨损，很快失去原有精度；对于滑动表面，可能造成拉伤，甚至咬死；对于油路，可能造成油路堵塞，使转动配合件得不到良好的润滑，使磨损加剧，甚至损坏咬死。

1）零件清洗与清理的内容

（1）装配前，要清除零件上残存的型砂、铁锈、切屑、研磨剂及油污等。对孔、槽及其他容易残存污垢等处，更要仔细清洗。

（2）装配后，应对配钻、配铰、攻螺纹等加工时产生的切屑进行清除。

（3）试车后，应对因摩擦而产生的金属微粒进行清洗和清理。

温馨提示

清洗时应注意以下事项：

（1）对于橡胶制品零部件，如密封圈、密封垫等，严禁使用汽油进行清洗，以防发胀变形，应使用酒精或清洗剂进行清洗。

（2）在清洗滚动轴承时，不能采用棉纱进行清洗，防止因棉纱进入轴承内而影响轴承的精度。

（3）清洗后的零件，应待零件比较干燥后，再进行装配。还应注意，零件清洗后，不能放置时间过长，以防止灰尘和油污再次将零件弄脏。

（4）有些零件在装配时应分两次进行清洗。第一次清洗后，检查零件有无碰伤和拉伤，齿轮有无毛刺，螺纹有无损伤。对零件上存在的毛刺和轻微碰伤应进行修整。经检查修整后，再进行第二次清洗。

2）零件清洗与清理实例

被清洗与清理的组件为滑动轴承，如图 1-10 所示。

其清理的方法如下：

（1）用錾子、钢丝刷清除轴承座和轴承盖上的型砂、飞边和毛刺等。

（2）用刮刀、锉刀或砂布清除各零件上的毛刺、切屑和锈痕。

(3) 用毛刷、风箱或压缩空气清除零件孔、沟槽、台阶处残存的切屑、灰尘或油垢等。

温馨提示

经过清理后的零件还必须进行清洗，一般是先清洗精密零件，再清洗一般零件；先清洗较小零件，再清洗较大零件。

具体清洗步骤如下：

(1) 将适当煤油倒入清洗槽（或盒）内。

(2) 清洗上、下衬套。

(3) 清洗油杯、螺母、螺栓。

(4) 清洗上轴承盖。

(5) 清洗轴承座。

观察思考

自行车拆卸后，在装配前哪些零件需要清洗？

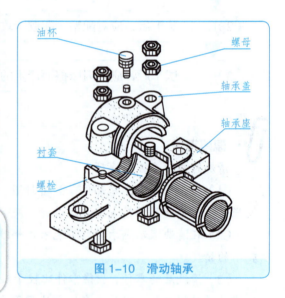

图 1-10 滑动轴承

对于设备中的一些精密零件，如液压元件、油缸、阀体、泵体等，在一定的工作压力下不仅要求不发生泄漏现象，还要求具有可靠的密封性。但是，由于零件毛坯在铸造过程中容易产生砂眼、气孔及疏松等缺陷，会造成在一定压力情况下的渗漏现象。因此，对这类零件在装配前必须进行密封性试验，否则，将对设备的质量、功能产生很大的影响。

密封性试验有气压法和液压法两种，其中以液压法压缩空气密封性试验比较安全。试验时施加的压力，应按照技术要求进行相应的调整。

（1）气压法。试验前，先将零件各孔用压盖或螺塞进行密封；然后，将密封零件浸入水中；最后，通过压缩空气向零件内充气，如图 1-11 所示。此时，密封的零件在水中应无气泡逸出。若有气泡逸出时，可根据气泡的密度来判定零件是否符合技术要求。

（2）液压法。对于容积较小的零件进行密封性试验时，可用手动液压泵进行液压试验。图 1-12 所示为五通滑阀阀体的密封性试验示意图。试验前，两端装好密封圈和端盖，并用螺钉紧固，各螺孔用锥形螺塞拧紧，装上管接头并与手动液压泵接通。然后，用手动液压泵将油液注入阀体空腔内,并使油液达到技术要求所规定的试验压力。同时,应注意观察阀体有无渗透和泄漏现象。

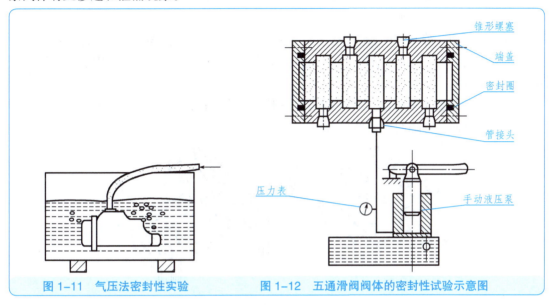

图1-11 气压法密封性实验　　图1-12 五通滑阀阀体的密封性试验示意图

对于容积较大的零件进行密封性试验,可选用机动液压泵进行注油,但也要控制好压力的大小。

3) 旋转件不平衡的种类

机器中的旋转零件,如带轮、飞轮、叶轮等,因受形状、加工等因素的限制和影响,可能旋转时因不平衡而产生振动现象,从而使机器的工作精度降低,零件的使用寿命缩短、噪声增大,甚至发生设备事故。旋转件不平衡的种类有两种。

(1) 静不平衡。有些旋转件在径向各截面上存在不平衡量,但由此产生的离心力的合力仍通过旋转件的重心,不会产生使旋转轴线倾斜的力矩,这种不平衡称为静不平衡,其示意图如图1-13所示。静不平衡的特点是:当零件静止时,不平衡量始终处于过重心竖直线的下方。旋转时,不平衡离心力只在垂直轴线方向产生振动。

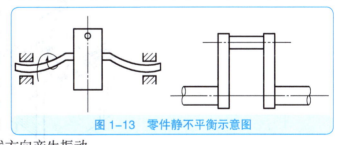

图1-13 零件静不平衡示意图

(2) 动不平衡。有些旋转件在径向各截面上存在不平衡量,且由此产生的离心力不能形成平衡力矩,所以旋转件不仅会产生垂直于旋转轴线方向的振动,还会产生使旋转轴线倾斜的振动,这种不平衡称为动不平衡,其示意图如图1-14所示。

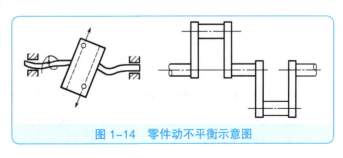

图1-14 零件动不平衡示意图

4）旋转件的平衡方法

消除旋转件不平衡的工作，称为平衡。其中，消除静不平衡的工作称为静平衡；消除动不平衡的工作称为动平衡。

（1）静平衡。静平衡的特点是：平衡重物的大小和位置是在零件（或部件）处于静止状态时确定的；静平衡的工作过程是在静平衡架上进行的；静平衡主要适用于长径比小于 0.2 的盘类零件。

静平衡的装置主要有圆柱式平衡架和棱形平衡架两种，如图 1-15 所示。还有一种平衡架，一端可通过升降调整来平衡两端轴径不等的旋转件。

图 1-15 零件静平衡装置
（a）圆柱式平衡架；（b）棱形平衡架

静平衡的步骤如下：

① 用水平仪将平衡架调整到水平位置，误差应在 0.02 mm/100 mm 以内，如图 1-16 所示。

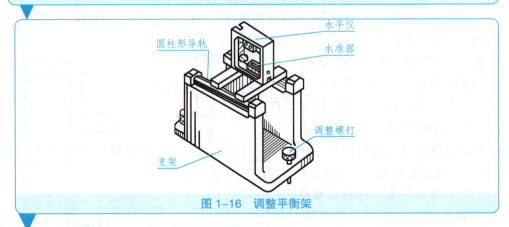

图 1-16 调整平衡架

② 将旋转件安装到心轴上后，摆放到平衡架上。

③ 用手轻推旋转件，使其在平衡架上缓慢滚动；待自动停止后，在旋转体的正下方做一记号，重复转动几次，若所做记号位置始终不变，则为不平衡量 G 的方向。

④ 在与记号相对的部位粘一重量为 G' 的橡皮泥,使 G' 对旋转轴线产生的力矩恰好等于不平衡量 G 对旋转轴线所产生的力矩,如图1-17所示。此时旋转件即已达到静平衡。

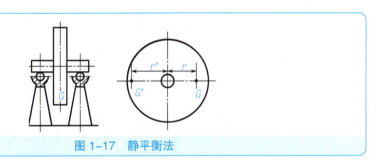

图1-17 静平衡法

⑤ 去掉橡皮泥,在其所在位置加上相当于 G' 的重块,或在不平衡量处(与 G' 相对的直径上)去除一定的重量 G。待旋转件在任何角度均能在平衡架上静止时,静平衡即告结束。

砂轮静平衡可参考下列步骤:

① 平衡前,先用水平仪将平衡架调至水平位置。

② 拆下连接盘(法兰盘)上平衡块。平衡块的形状如图1-18所示。清除连接盘上的污垢,然后将砂轮和连接盘装到平衡心轴上,如图1-19所示。

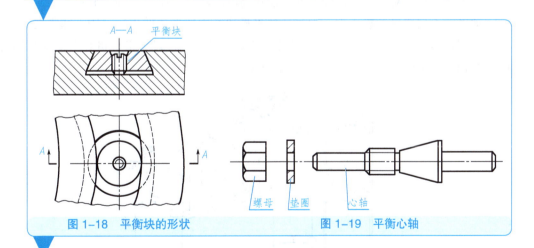

图1-18 平衡块的形状　　　图1-19 平衡心轴

③ 轻推砂轮,使其在导轨上做缓慢滚动。当砂轮停止时,在砂轮上方做一记号A,如图1-20(a)所示。

④ 在砂轮下部（与记号A相对）较重一侧装上第一块平衡块1，如图1-20（a）所示。装上平衡块后A的位置应不变，然后在记号A的两侧各装一平衡块2和平衡块3。调整平衡块2、3，使记号A保持原来的位置，如图1-20（b）所示。

⑤ 将砂轮旋转90°，使记号A处于水平位置，如图1-20（c）所示。检查砂轮是否平衡，若不平衡，调整平衡块2、3，同时向记号A靠拢或分开，直至保持平衡。

⑥ 把砂轮旋转180°，如图1-20（d）所示。如不平衡则继续调整平衡块2、3。当砂轮在任何角度都能静止时，则砂轮静平衡即告结束。

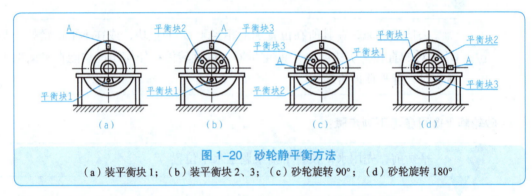

图1-20　砂轮静平衡方法

（a）装平衡块1；（b）装平衡块2、3；（c）砂轮旋转90°；（d）砂轮旋转180°

对于新安装的砂轮要进行两次平衡，即第一次平衡后把砂轮装配到机床上进行修整，然后取下砂轮，按照上述步骤进行第二次平衡。

（2）动平衡。对于长径比较大或转速较高的旋转件，需要进行动平衡。

动平衡不仅要平衡离心力，而且还要平衡离心力所形成的力矩。动平衡需要在动平衡机上进行，常用的动平衡机有弹性支梁式动平衡机、框架式动平衡机和电子动平衡机等。磨床主轴在动平衡机上的装夹如图1-21所示。

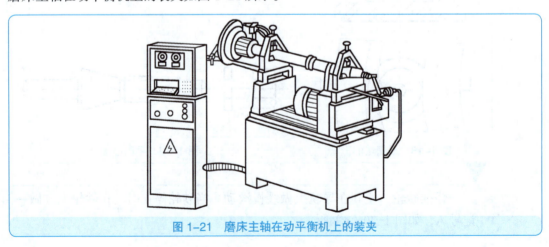

图1-21　磨床主轴在动平衡机上的装夹

> **观察思考**
> 自行车装配过程中做好什么零件的平衡最重要?

2. 装配系统

1)装配的有关术语

(1)零件。零件是机器组成中的最小单元,如一个螺钉、一根轴、一个套等。任何一台机器都是由若干个零件组成的。

> **观察思考**
> 装配过程最重要的根据是什么图?

(2)部件。由两个或两个以上零件相结合而成为机器的一部分,称为部件。例如一个主轴总成、车床主轴变速箱、进给箱等都是部件。

(3)装配单元。可以独立进行装配的部件,称为装配单元。任何一部设备,一般都能分成若干个装配单元。

(4)基准零件或基准部件。最先进入装配的零件或部件,称基准零件或基准部件。它们的作用是连接需要装在一起的零件或部件,并决定这些零件或部件之间的正确位置。

从装配的角度看,直接进入机器装配的部件也可称为组件;直接进入组件装配的部件称一级分组件;直接进入一级分组件装配的部件,称为二级分组件;依次类推。显而易见,机器越复杂,分组件的级数也就越多。

任何级别的分组件都是由若干个低一级的分组件和若干个零件组成的,但最低级别的分组件只是由若干个零件组成的。

2)装配系统图

用来表明产品零部件间相互装配关系及装配流程的示意图,称为装配系统图。

三、常用机械拆装及检测工具

1. 机械连接方式

零件连接的方式常用固定连接和活动连接两种。

固定连接是指装配后零件间不产生相对运动,如螺纹连接、键连接和销钉连接等。

活动连接是指装配后零件间可以产生相对运动的连接,如轴承、螺母丝杠连接等。

黏结剂(又称胶合剂)可把不同的或相同的材料牢固地连接在一起,这种方法工艺简单、操作方便、连接可靠。近年来,利用黏结技术,以黏代铆、以黏代机械夹固,解决了过去某些连接方式所不能解决的问题,简化了复杂的机械结构和装配工艺。目前常用的有无机黏结和有机黏结两大类。常用的有机黏结如环氧树脂黏结剂、聚氨酯黏结剂和聚丙酸酯黏结剂等。

> **观察思考**
> 自行车常用的连接方式是哪种?

2. 常用拆装工具

1）常用拆装工具的种类

大多数的部件和产品都是用螺纹连接的方法将零件连接而成的。常见的螺纹连接件的拆装工具是扳手和旋具。根据使用场合和部位的不同，可选用各种不同类别的工具。常用拆装工具见表 1-1。

表 1-1 常用拆装工具

名称	图例	使用说明
手锤	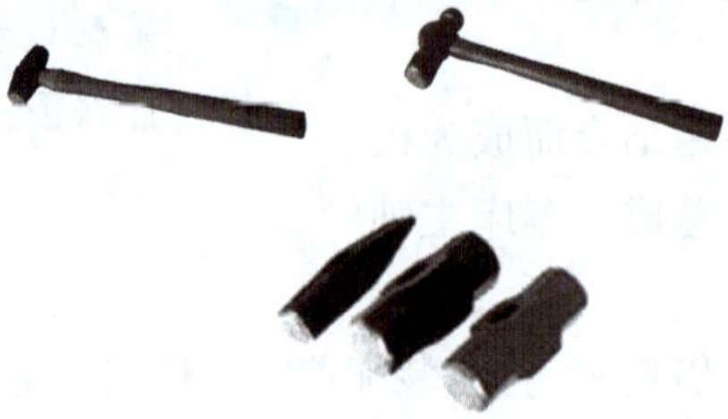	手锤是用来敲击的工具，有金属手锤和非金属手锤两种。常用金属手锤有钢锤和铜锤两种，常用非金属手锤有塑胶锤、橡胶锤、木槌等。手锤的规格是以锤头的质量来表示的，如 0.5 lb、1 lb[①]等
螺丝刀		螺丝刀的主要作用是旋紧或松退螺钉。常见的螺丝刀有一字形螺丝刀、十字形螺丝刀和双弯头形螺丝刀三种
固定扳手	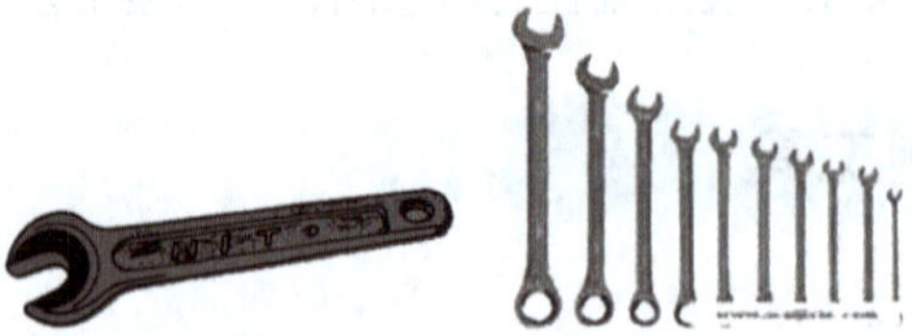	主要是旋紧或松退固定尺寸的螺栓或螺母。常见的固定扳手有单口扳手、梅花扳手、梅花开口扳手及开口扳手等。固定扳手的规格是以钳口开口的宽度来标识的
梅花扳手	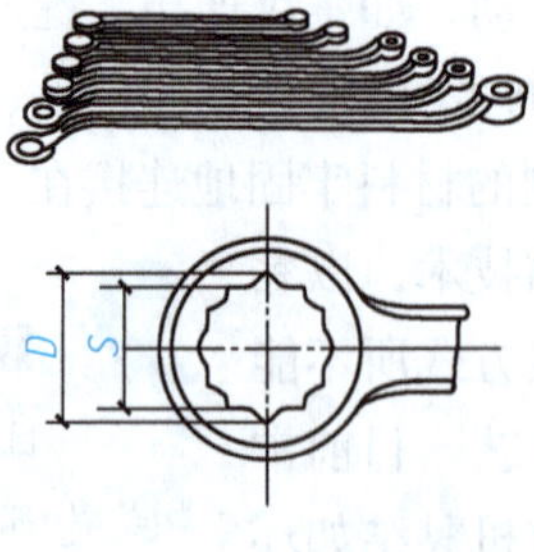	梅花扳手的内孔为 12 边形，它只要转过 30°，就能调换方向，所以在狭窄的地方使用比较方便

① 1 lb=0.453 6 kg。

续表

名称	图例	使用说明
活络扳手	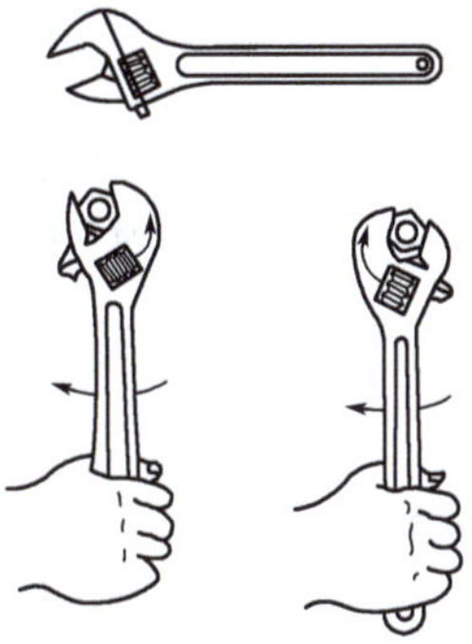 （a）正确　（b）不正确	活络扳手的钳口尺寸在一定的范围内可自由调整，用来旋紧或松退螺栓、螺母。活络扳手的规格是以扳手全长尺寸来标识的
套筒扳手	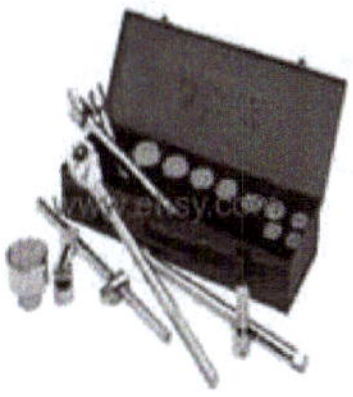 （a）成套套筒扳手 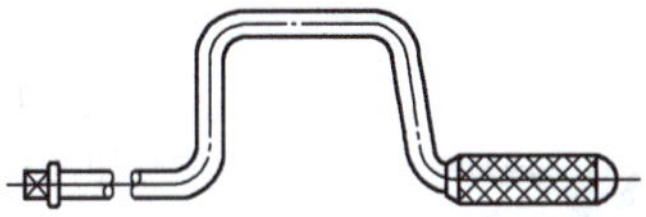 （b）弓形手柄 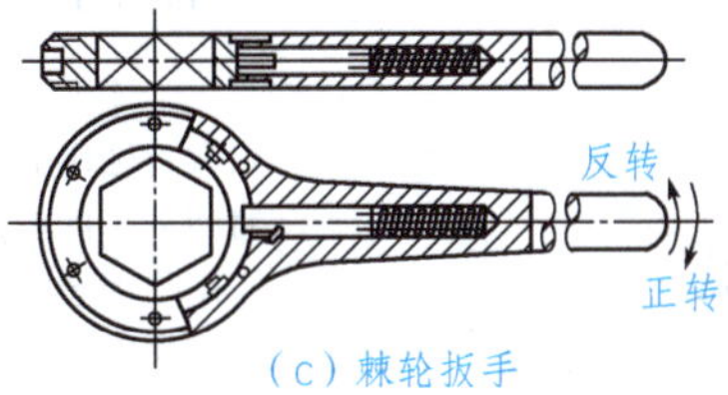 （c）棘轮扳手	套筒扳手由一套尺寸不等的梅花套筒及扳手柄组成。 　在成套套筒扳手中，使用图（b）所示的弓形手柄，可连续转动手柄，加快扳转速度。使用图（c）所示的棘轮扳手，在正转手柄时，可使螺母被扳紧，而在反转手柄时，由于棘轮在斜面的作用下，从套筒的缺口内退出打滑，因而不会使螺母随着反转。在旋松螺母时，只要将扳手翻身使用即可
管扳手		管扳手的钳口有条状齿，常用于旋紧或松退圆管、磨损的螺母或螺栓。管扳手的规格是以扳手全长尺寸来标识的
内六角扳手	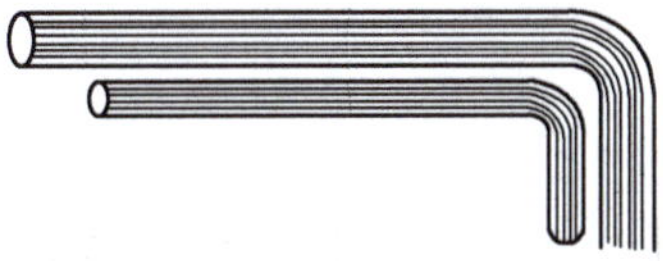	内六角扳手用于旋紧内六角螺钉，由一套不同规格的扳手组成。使用时根据螺纹规格采用不同的内六角扳手
锁紧扳手	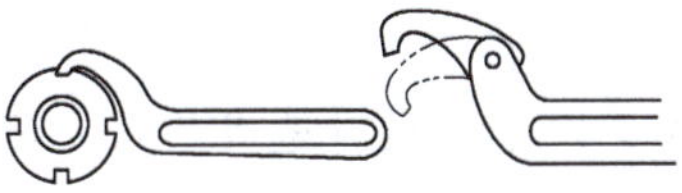	锁紧扳手主要用来拆装圆螺母

15

续表

名称	图例	使用说明
指针式力矩扳手	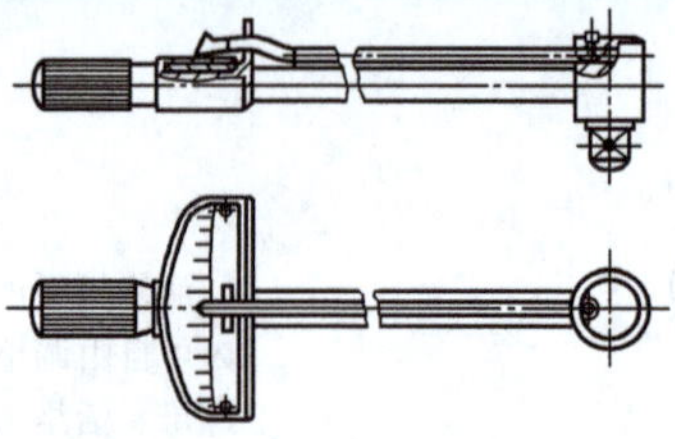	对于要求严格控制拧紧力矩的重要螺纹连接，可采用指针式力矩扳手
特殊扳手	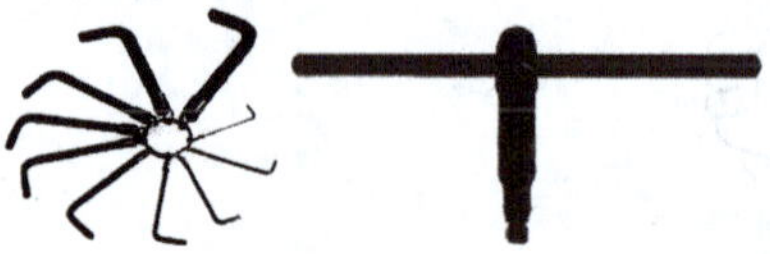	为了某种目的而设计的扳手称为特殊扳手。常见的特殊扳手有六角扳手、T形夹头扳手、面扳手及扭力扳手等
夹持用手钳		夹持用手钳的主要作用为夹持材料或工件
夹持剪断用手钳		常见的夹持剪断用手钳有侧剪钳和尖嘴钳两种。夹持剪断用手钳的主要作用除可夹持材料或工件外，还可用来剪断小型物件，如钢丝、电线等
拆装扣环用卡环手钳		有直轴用卡环手钳和套筒用卡环手钳两种。拆装扣环用卡环手钳的主要作用是拆装扣环，即可将扣环张开套入或移出环状凹槽
特殊手钳	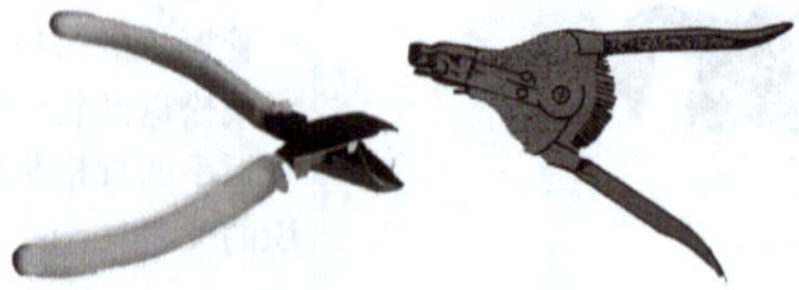	常用的特殊手钳有剪切薄板、钢丝、电线的斜口钳；剥除电线外皮的剥皮钳；夹持扁物的扁嘴钳；夹持大型筒件的链管钳等

2）拆装工具使用注意事项

（1）手锤使用注意事项有以下几点：

①精制工件表面或硬化处理后的工件表面，应使用软面锤，以避免损伤工件表面。

②手锤使用前应仔细检查锤头与锤柄是否紧密连接，以免使用时锤头与锤柄脱离，造成意外事故。

③手锤锤头边缘若有毛边，应先磨除，以免破裂时造成伤害。使用手锤时应根据工作性质，合理选择手锤的材质、规格和形状。

（2）螺丝刀使用注意事项有如下两点：

①根据螺钉的槽宽选用螺丝刀。大小不合适的螺丝刀非但无法承受旋转力，而且也容易损伤钉槽。

②不可将螺丝刀当作錾子、杠杆或划线工具使用。

（3）扳手使用注意事项有以下几点：

①根据工作性质选用适当的扳手，尽量使用固定扳手，少用活络扳手。

②各种扳手的钳口宽度与钳柄长度有一定的比例，故不可加套管或用不正当的方法延长钳柄的长度，以增加使用时的扭力。

③选用固定扳手时，钳口宽度应与螺母宽度相当，以免损伤螺母。

④使用活络扳手时，应向活动钳口方向旋转，使固定钳口受主要的力。

⑤扳手钳口若有损伤，应及时更换，以保证安全。

（4）手钳使用注意事项有以下几点：

①手钳主要是用来夹持或弯曲工件的，不可当手锤或起子使用。

②侧剪钳、斜口钳只可剪细的金属线或薄的金属板。

③应根据工作性质合理选用手钳。

3. 拆装后的产品质量检验

1）常用量具简介

拆装基本操作中常用的量具有钢直尺、游标卡尺、千分尺、百分表、万能游标量角器、量块、塞尺、90°角尺和刀口形直尺等。

常用拆装量具的名称、图例与功用见表1-2。

表1-2 常用拆装量具的名称、图例与功用

名称	图例	功用
钢直尺		钢直尺是常用量具中最简单的一种量具。可用来测量工件的长度、宽度、高度和深度等。规格有150 mm、300 mm、500 mm和1 000 mm四种
游标卡尺	（a）高度游标卡尺 （b）深度游标卡尺	游标卡尺是一种中等精密度的量具，可以直接测量出工件的外径、孔径、长度、宽度、深度和孔距等尺寸

续表

名称	图例	功用
千分尺	 (a) 外径千分尺 　(b) 电子数显外径千分尺  (c) 内测千分尺 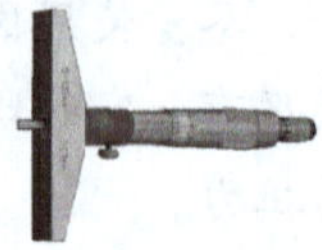　(d) 深度千分尺	千分尺是一种精密量具,它的精度比游标卡尺高,而且比较灵敏。因此,一般用来测量精度要求较高的尺寸
百分表	 	百分表可用来检验机床精度和测量工件的尺寸、形状及位置误差等
万能游标量角器	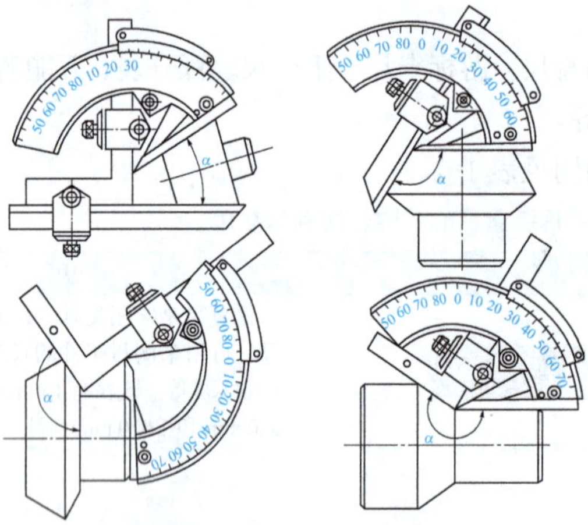	万能游标量角器又称角度尺,是用来测量工件内外角度的量具。按游标的测量精度可分为2′和5′两种,其示值误差分别为±2′和±5′,测量范围是0°~320°
量块	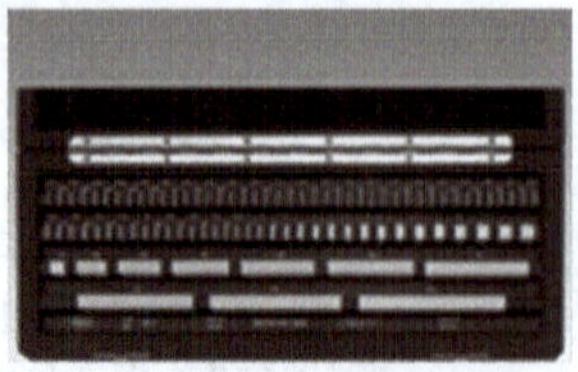	量块是机械制造业中长度尺寸的标准。量块可对量具和量仪进行校正检验,也可以用于精密画线和精密机床的调整,量块与有关附件并用时,可以用于测量某些精度要求高的尺寸
塞尺		塞尺(又叫厚薄规或间隙片)是用来检验两个结合面之间间隙大小的片状量规

续表

名称	图例	功用
90°角尺	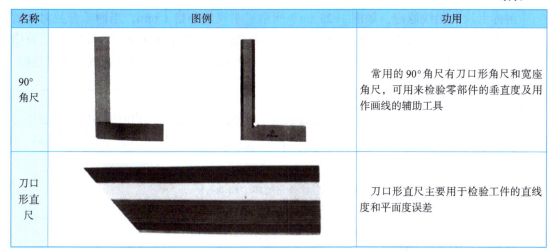	常用的90°角尺有刀口形角尺和宽座角尺,可用来检验零部件的垂直度及用作画线的辅助工具
刀口形直尺		刀口形直尺主要用于检验工件的直线度和平面度误差

2）常用量具的使用

（1）游标卡尺。游标卡尺属于游标类测量器具,它是一种常用的量具,具有结构简单、使用方便、精度中等和测量的尺寸范围大等特点,可以用它来测量零件的外径、内径、长度、宽度、厚度、深度和孔距等,应用范围很广。

图1-22所示为一种常用的轻巧型游标卡尺的结构形式。测量范围为0～125 mm的游标卡尺,制成带有刀口形的上下量爪和带有深度尺的形式。上量爪可测量孔径、孔距和槽宽等；下量爪可测量外圆、外径和外形长度等；卡尺的背面有一根细长的深度尺,用来测量孔和沟槽的深度。

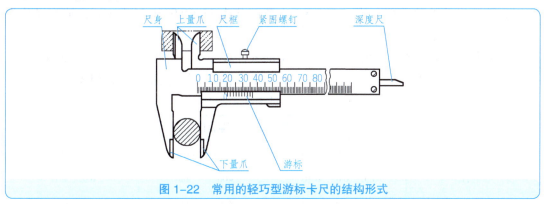

图1-22 常用的轻巧型游标卡尺的结构形式

游标卡尺的测量精度是指尺身（主尺）与游标（副尺）每格宽度之差。按其测量精度分,游标卡尺有0.10 mm、0.05 mm和0.02 mm三种。目前机械加工中常用精度为0.02 mm的游标卡尺。下面就以此为例,简述游标卡尺的刻线原理和读数方法。

游标卡尺的读数机构是由主尺和游标两部分组成的。当活动量爪与固定量爪贴合时,游标上的"0"刻线（简称游标零线）对准主尺上的"0"刻线,此时量爪间的距离为"0"。当尺框向右移动到某一位置时,固定量爪与活动量爪之间的距离,就是零件的测量尺寸。此时零件尺寸的整数部分,可在游标零线左边的主尺刻线上读出来,而比1mm小的小数部分，可借助游标读数机构来读出。

游标卡尺的刻线原理，如图 1-23（a）所示。主尺每小格 1 mm，当两爪合并时，游标上的 50 格刚好等于主尺上的 49 mm，则游标每格间距 =49÷50=0.98（mm）。主尺每格间距与游标每格间距相差 =1-0.98=0.02（mm）。0.02 mm 即为此种游标卡尺的最小读数值。

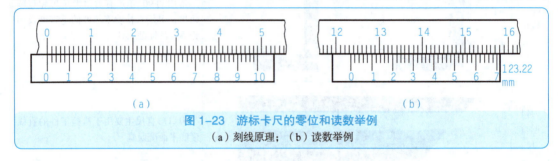

图 1-23　游标卡尺的零位和读数举例
（a）刻线原理；（b）读数举例

游标卡尺的读数方法如下：

① 读出游标上零线在尺身上的毫米数。

② 读出游标上哪一条刻线与尺身对齐。

③ 把尺身和游标上的两尺寸加起来，即为测量尺寸。

在图 1-23（b）中，游标零线在 123～124 mm，游标上的 11 格刻线与主尺刻线对准。所以，被测尺寸的整数部分为 123 mm，小数部分为 11×0.02=0.22（mm），被测尺寸为 123＋0.22=123.22（mm）。

游标卡尺的测量范围和精度按所能测量的零件尺寸范围，游标卡尺分为不同的规格。一个规格的游标卡尺只能适用于一定的尺寸范围。游标卡尺的测量范围和刻线值见表 1-3。

表 1-3　游标卡尺的测量范围和刻线值

测量范围 /mm	刻线值	测量范围 /mm	刻线值
0～125	0.02，0.05，0.10	300～800	0.05，0.10
0～200	0.02，0.05，0.10	400～1 000	0.05，0.10
0～300	0.02，0.05，0.10	600～1 500	0.10
0～50	0.05，0.10	800～2 000	0.10

在测量或检验零件尺寸时，应按照零件尺寸的精度要求，选用相适应的量具。游标卡尺是一种中等精度的量具，不能用来测量精度要求高的零件，只能用于测量和检验中等精度的零件。游标卡尺不能用来测量毛坯件，否则容易受到损坏。游标卡尺的示值误差和适用尺寸公差等级见表 1-4。

表 1-4　游标卡尺的示值误差和适用尺寸公差等级

游标读数值	示值总误差	被测件的尺寸公差等级
0.02	±0.02	12～16
0.05	±0.05	13～16
0.10	±0.10	14～16

（2）千分尺。各种千分尺的结构大同小异，常用外径千分尺是用来测量或检验零件的外径、凸肩厚度以及板厚或壁厚等（测量孔壁厚度的千分尺，其量面呈球弧形）。千分尺由尺架、测微头、测力装置和制动器等组成。图 1-24 所示为测量范围为 0～25 mm 的外径千分尺。尺架的一端装着固定测砧，另一端装着测微头。固定测砧和测微螺杆的测量面上都镶有硬质合金，以提高测量面的使用寿命。尺架的两侧面覆盖着绝热板。使用千分尺时，手拿在绝热板上，防止人体的温度影响千分尺的测量精度。

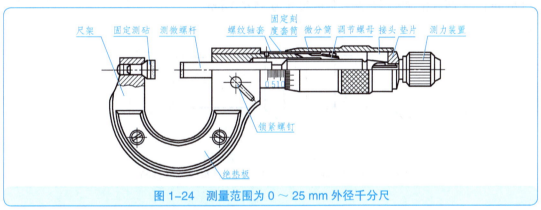

图 1-24　测量范围为 0～25 mm 外径千分尺

外径千分尺的工作原理就是应用螺旋读数机构，它包括一对精密的螺纹——测微螺杆与螺纹轴套和一对读数套筒——固定刻度套筒与微分筒。

用千分尺测量零件的尺寸，就是把被测零件置于千分尺的两个测量面之间。所以两测砧面之间的距离，就是零件的测量尺寸。当测微螺杆在螺纹轴套中旋转时，由于螺旋线的作用，测量螺杆就有轴向移动，使两测砧面之间的距离发生变化。如测微螺杆按顺时针方向旋转一周，两测砧面之间的距离就缩小一个螺距。同理，若按逆时针方向旋转一周，则两砧面的距离就增大一个螺距。常用千分尺测微螺杆的螺距为 0.5 mm。因此，当测微螺杆顺时针旋转一周时，两测砧面之间的距离就缩小 0.5 mm。当测微螺杆顺时针旋转不到一周时，缩小的距离就小于一个螺距，它的具体数值，可从与测微螺杆结成一体的微分筒的圆周刻度上读出。微分筒的圆周上刻有 50 个等分线，当微分筒旋转一周时，测微螺杆就推进或后退 0.5 mm，微分筒转过它本身圆周刻度的一小格时，两测砧面之间转动的距离为

$$0.5 \div 50 = 0.01 \text{（mm）}$$

由此可知：从千分尺上的螺旋读数机构可以正确地读出 0.01 mm，也就是千分尺的读

数值为 0.01 mm。

千分尺的读数方法如下：

① 读出微分筒边缘在固定套管上所显示的最大尺寸，即被测尺寸的毫米数和半毫米数。

② 读出微分筒上哪一格对齐固定套管上的基准线，即半毫米以下的数值。

③ 把两个读数相加即得到千分尺实测尺寸。

读法示例如图 1-25 所示。图 1-25（a）中，在固定套筒上读出的尺寸为 6 mm，微分筒上读出的尺寸为 5（格）×0.01=0.050 mm，上两数相加即得被测零件的尺寸为 6.050 mm；图（b）中，在固定套筒上读出的尺寸为 35.5 mm，在微分筒上读出的尺寸为 12（格）×0.01=0.120 mm，上两数相加即得被测零件的尺寸为 35.620 mm。

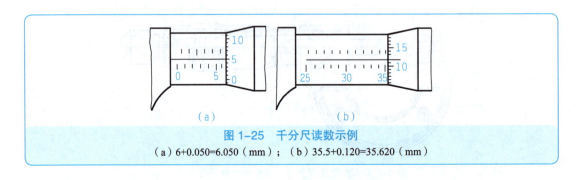

图 1-25　千分尺读数示例
（a）6+0.050=6.050（mm）；（b）35.5+0.120=35.620（mm）

千分尺是一种测量精度比较高的通用量具，按它的制造精度，可分 0 级和 1 级两种，0 级精度较高，1 级次之。千分尺的制造精度主要由它的示值误差和测砧面的平行度公差以及尺架受力时变形量的大小来决定。常见千分尺的测量范围与精度要求见表 1-5。

表 1-5　常见千分尺的测量范围与精度要求

千分尺的精度等级	被测件的公差等级	
	适用范围	合理使用范围
0 级	IT8～IT16	IT8～IT9
1 级	IT9～IT16	IT9～IT10
2 级	IT10～IT16	IT10～IT11

测量不同公差等级的工件时，应首先检验标准规定，合理选用千分尺。不同精度千分尺的适用范围可参见表 1-6。

表1-6 不同精度千分尺的适用范围

测量范围	示值误差		两测量面平行度	
	0级	1级	0级	1级
0～25	±0.002	±0.004	0.001	0.002
25～50	±0.002	±0.004	0.001 2	0.002 5
50～75、75～100	±0.002	±0.004	0.001 5	0.003
100～125、125～150		±0.005		
150～175、175～200		±0.006		
200～225、225～250		±0.007		
250～275、275～300		±0.007		

千分尺在使用过程中，由于磨损，特别是使用不妥当时，会使千分尺的示值误差超差，所以应定期进行检查，进行必要的拆洗或调整，以便保持千分尺的测量精度。

（3）万能角度尺。万能角度尺是用来测量精密零件内外角度或进行角度画线的角度量具，它有以下几种，如游标量角器、万能角度尺等。

① 万能角度尺的读数机构，如图1-26所示。万能角度尺是由刻有基本角度刻线的主尺和固定在扇形板上的游标组成的。扇形板可在主尺上回转移动（有制动器），形成和游标卡尺相似的游标读数机构。

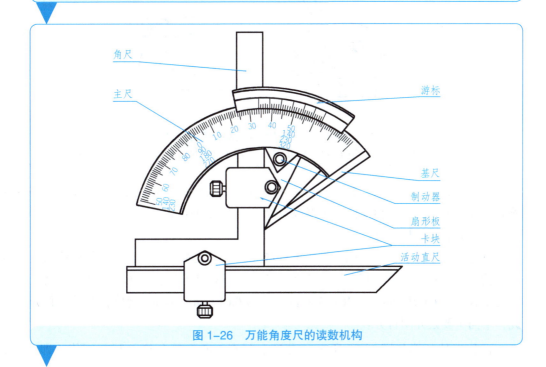

图1-26 万能角度尺的读数机构

② 万能角度尺主尺上的刻度线每格1°。由于游标上刻有30格，所占的总角度为29°，因此，两者每格刻线的度数差是

$$1° - \frac{29°}{30} = \frac{1°}{30} = 2'$$

即万能角度尺的精度为2′。

③ 万能角度尺的读数方法，和游标卡尺相同，先读出游标零线前的角度是几度，再从游标上读出角度"分"的数值，两者相加就是被测零件的角度数值。

在万能角度尺上，基尺是固定在主尺上的，角尺是用卡块固定在扇形板上的，活动直尺是用卡块固定在角尺上。若把角尺拆下，也可把活动直尺固定在扇形板上。由于角尺和活动直尺可以移动和拆换，万能角度尺可以测量0°～320°的任何角度，如图1-27所示。

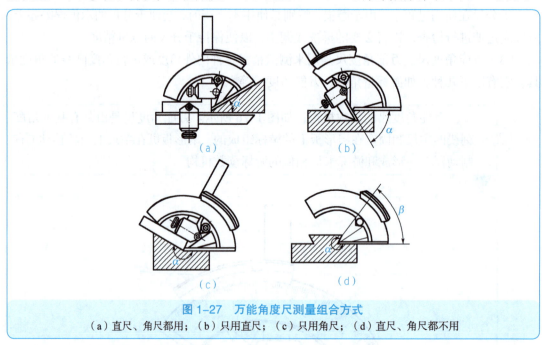

图1-27 万能角度尺测量组合方式
（a）直尺、角尺都用；（b）只用直尺；（c）只用角尺；（d）直尺、角尺都不用

（4）百分表。百分表、杠杆百分表和内径百分表等，主要用于校正零件的安装位置，检验零件的形状精度和相互位置精度以及测量零件的内径等。

① 百分表的结构原理。

百分表和千分表，都是用来校正零件或夹具的安装位置，检验零件的形状精度或相互位置精度的。它们的结构原理没有什么大的不同，只是千分表的读数精度比较高，即千分表的读数值为0.001 mm，而百分表的读数值为0.01 mm。车间里经常使用的是百分表，因此，下面主要是介绍百分表。

百分表的外形如图1-28所示。表盘上刻有100个等分格，其刻度值（即读数值）

为 0.01 mm。当指针转一圈时，小指针即转动一小格，转数指示盘的刻度值为 1 mm。用手转动表圈时，表盘也跟着转动，可使指针对准任一刻线。测量杆是沿着套筒上下移动的，套筒可作为安装百分表用。

图 1-29 所示为百分表内部机构。带有齿条的测量杆的直线移动，通过齿轮传动（Z_1、Z_2、Z_3），转变为指针的回转运动。齿轮 Z_4 和弹簧 1 使齿轮传动的间隙始终在一个方向上，起着稳定指针位置的作用。弹簧 2 是控制百分表的测量压力的。百分表内的齿轮传动机构使测量杆直线移动 1 mm 时，指针正好回转一圈。

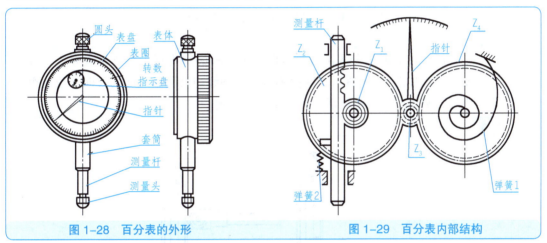

图 1-28　百分表的外形　　　　　图 1-29　百分表内部结构

由于百分表和千分表的测量杆是做直线移动的，可用来测量长度尺寸，所以它们也是长度测量工具。目前，国产百分表的测量范围（即测量杆的最大移动量），有 0～3 mm、0～5 mm 和 0～10 mm 三种。读数值为 0.001 mm 的千分表，测量范围为 0～1 mm。

②百分表和千分表的使用方法。

由于千分表的读数精度比百分表高，所以百分表适用于尺寸精度为 IT6～IT8 级零件的校正和检验；千分表则适用于尺寸精度为 IT5～IT7 级零件的校正和检验。百分表和千分表按其制造精度，可分为 0 级、1 级和 2 级三种，0 级精度较高。使用时，应按照零件的形状和精度要求，选用合适的百分表或千分表的精度等级和测量范围。

使用百分表和千分表时，必须注意以下几点：

① 使用前，应检查测量杆活动的灵活性，即轻轻推动测量杆时，测量杆在套筒内的移动要灵活，没有任何轧卡现象，且每次放松后，指针能恢复到原来的刻度位置。

② 使用百分表或千分表时，必须把它固定在可靠的夹持架上，如固定在万能表架或磁性表座上，如图 1-30 所示，夹持架要安放平稳，以免使测量结果不准确或摔坏百分表。

用夹持百分表的套筒来固定百分表时，夹紧力不要过大，以免因套筒变形而使测量杆活动不灵活。

项 目 一

图 1-30　安装在专用夹持架上的百分表

③ 用百分表或千分表测量零件时，测量杆必须垂直于被测量表面，百分表安装方法如图 1-31 所示，即使测量杆的轴线与被测量尺寸的方向一致，否则将导致测量杆活动不灵活或测量结果不准确。

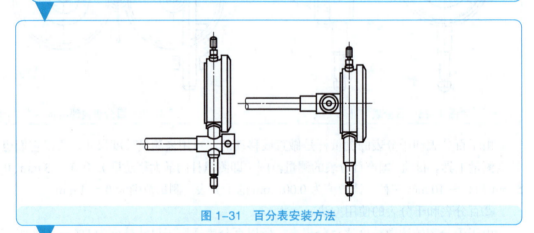

图 1-31　百分表安装方法

④ 测量时，不要使测量杆的行程超过它的测量范围；不要使测量头突然撞在零件上；不要使百分表和千分表受到剧烈的振动和撞击，也不要把零件强迫推入测量头下，以免损坏百分表和千分表的零件而失去精度。因此，用百分表测量表面粗糙或有显著凹凸不平的零件是错误的。

⑤ 当百分表尺寸校正或测量零件时，如图 1-32 所示，应当使测量杆有一定的初始测力，即在测量头与零件表面接触时，测量杆应有 0.3～1 mm 的压缩量（千分表可小一点，有 0.1 mm 即可），使指针转过半圈左右，然后转动表圈，使表盘的零位刻线对准指针，然后轻轻拉动手提测量杆的圆头，拉起和放松几次，检查指针所指的零位有无改变。当指针的零位稳定后，再开始测量或校正零件的工作。如果是校正零件，此时开始改变零件的相对位置，读出指针的偏摆值，就是零件安装的偏差数值。

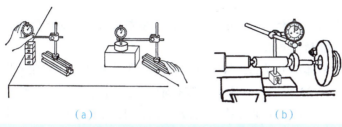

图 1-32 百分表尺寸校正与测量零件
（a）百分表尺寸校正；（b）百分表测量零件

 观察思考
拆装后的产品质量检验除使用上述量具外还能使用哪些量具呢？

四、机械拆装工艺

零件的质量是产品质量的基础，但装配过程并不是将合格零部件简单连接起来的过程，而是根据各级部装和总装的技术要求，采取适当的工艺方法来保证产品质量的复杂过程。如果装配工艺水平不高，高质量的零件也会装出质量差甚至不合格的产品，因此，在机械产品的拆装工艺中，必须十分重视产品的装配工艺。

1. 机械产品的装配精度

机械产品的装配精度，即装配时实际达到的精度，一般包括零部件间的距离精度、相互位置精度、相对运动精度、接触精度等。

1）距离精度

距离精度是指相关零部件间的距离尺寸精度，如车床主轴与尾座轴心线不等高的精度等。距离精度还包括装配中应保证的各种间隙，如轴和轴承的配合间隙，齿轮啮合中非工作齿面间的侧隙及其他一些运动副间的间隙等。

2）相互位置精度

装配中的位置精度包括相关零部件间的平行度、垂直度、倾斜度、同轴度、对称度、位置度及各种跳动等。例如车床床鞍移动对尾座顶尖套锥孔轴心线的平行度；车床主轴锥孔轴心线的径向跳动等。

3）相对运动精度

相对运动精度是产品有相对运动的零部件间在运动方向和相对速度上的精度。运动方向的精度多表现为部件间相对运动的平行度和垂直度，如车床床鞍移动精度及床鞍移动相对主轴轴心线的平行度等。相对速度精度即传动精度，表现为传动链的两末端执行件之间速度的协调性和均匀性，如滚齿机滚刀主轴与工作台的相对运动，车床车螺纹时主轴与刀架移动的相对运动等，在速比上均有严格的精度要求。

4）接触精度

接触精度常以接触面积的大小及接触点的分布来衡量，如齿轮啮合、锥体配合及导轨之间均有接触精度要求。

机器是由零件和部件组成的，故零件的精度特别是关键零件的加工精度，对装配精度有很大的影响。图1-33所示为车床主轴锥孔轴心线和尾座套筒锥孔轴心线对床鞍移动的等高的要求（A_Δ），即取决于主轴箱、底板及尾座的A_1、A_2及A_3的尺寸精度。车床等高度的要求是很高的，如果单靠提高尺寸A_1、A_2及A_3的尺寸精度来保证是很不经济的，甚至在技术上也是很困难的。

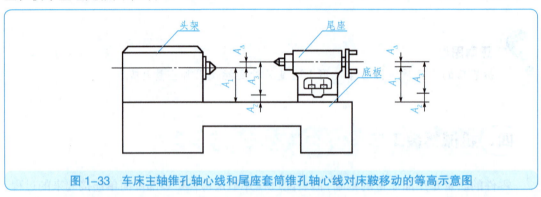

图1-33 车床主轴锥孔轴心线和尾座套筒锥孔轴心线对床鞍移动的等高示意图

产品的装配精度和零件的加工精度有很密切的关系：零件的加工精度是保证装配精度的基础，但装配精度不完全取决于零件的加工精度。要合理地获得装配精度，应从产品结构、机械加工和装配等方面进行综合考虑。

2. 保证装配精度的方法

机械产品的精度要求，最终是靠装配来实现的。生产中保证产品精度的具体装配方法有许多种，归纳起来可分为互换装配法、选配装配法、修配装配法和调整装配法四大类。

1）互换装配法

互换装配法就是在装配过程中，零件互换后仍能达到装配精度要求的一种方法。产品采用互换装配法时，装配精度主要取决于零件的加工精度。互换法的实质就是用控制零件的加工误差来保证产品的装配精度。

采用互换性保证产品装配精度时，零件公差的确定有两种方法：极值法和概率法。采用极值法时，由于各有关零件的公差之和小于或等于装配公差，故装配中零件可以完全互换，即装配时零件不经任何选择、修配和调整，均能达到装配的要求。因此，它又称为"完全互换法"。采用概率法时，各有关零件公差值的平方之和的平方根小于或等于装配公差，当生产条件比较稳定，从而使各组成环的尺寸分布也比较稳定时，也能达到完全互换的效果。否则，将有一部分产品达不到装配精度的要求，因此称为"不完全互换法"。显然，概率法适用于大批、大量生产。

采用完全互换法进行装配，可以使装配过程简单、生产效率高，易于组织流水作业及自动化装配，也便于采用协作方式组织专业化生产，但是当装配精度要求较高，尤其是组成环较多时，零件则难以按经济精度制造。因此，这种装配方法多用于较高精度的少环尺寸链或低精度的多环尺寸链中。

2）选配装配法

采用选配装配法，是将组成环的公差放大到经济可行的程度，然后选择合适的零件进行装配，以保证规定的装配精度要求，选配装配法有直接选配法、分组选配法、复合选配法三种。

（1）直接选配法是由装配工人从许多待装配的零件中，凭经验挑选合适的零件通过试凑进行装配的方法。这种方法的优点是简单，零件不必事先分组，但装配中挑选零件的时间长，装配质量取决于工人的技术水平，不宜用于节拍要求较严的大批量生产。

（2）分组选配法是事先将互配零件进行测量分组，装配时按对应组进行装配以达到装配精度的方法。

（3）复合选配法是上述两种方法的复合，即零件预先测量分组，装配时再在各对应组内凭工人经验直接选配。这一方法的特点是配合件公差可以不等，装配质量高且速度较快，能满足一定的生产节拍要求。

分组装配在机床装配中用得很少，但在内燃机、轴承等大批量生产中有一定应用。例如，活塞与活塞销的连接如图 1-34（a）所示。根据装配技术要求，活塞销孔与活塞销外径在冷态装配时应有 0.002 5～0.007 5 mm 的过盈量。与此相对应的配合公差按"等公差"分配时，则它的公差只有 0.002 5 mm。如果上述配合采用基轴制原则，则活塞销外径尺寸 $d=28_{-0.0025}^{0}$ mm，相应的销孔直径 $D=28_{-0.0075}^{-0.0050}$ mm。显然，制造这样精确的活塞销和销孔是很困难的，也是不经济的。生产中采用的办法是先将上述公差值都增大 4 倍（$d=28_{-0.0025}^{0}$ mm，$D=28_{-0.015}^{-0.005}$ mm），这样即可采用高效率的无心磨和金刚镗去分别加工活塞销外圆和活塞孔，然后用精密量仪进行测量，并按尺寸大小分成四组，涂上不同的颜色，以便进行分组装配。具体分组情况见表 1-7。

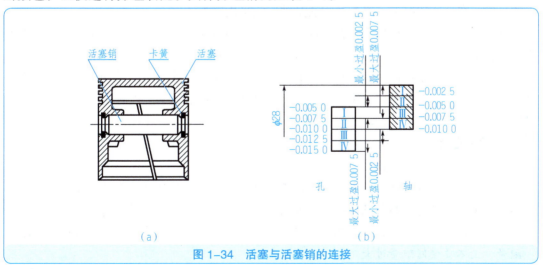

图 1-34 活塞与活塞销的连接

表 1-7 活塞销与活塞销孔直径分组情况   mm

组别	标志颜色	活塞销直径 d $28_{-0.010}^{\ 0}$	活塞销孔直径 D $28_{-0.015}^{-0.005}$	配合情况	
1	红	$28_{-0.0025}^{\ 0}$	$28_{-0.0075}^{-0.0050}$	最小过盈	最大过盈
2	白	$28_{-0.0050}^{-0.0025}$	$28_{-0.0100}^{-0.0075}$	0.002 5	0.007 5
3	黄	$28_{-0.0075}^{-0.0050}$	$28_{-0.0125}^{-0.0100}$		
4	绿	$28_{-0.0100}^{-0.0075}$	$28_{-0.0150}^{-0.0125}$		

从表 1-7 可以看出，各组的公差和配合性质与原来的要求相同。

采用分组装配时应注意以下几点。

① 为了保证分组后各组的配合精度和配合性质符合原设计要求，配合件的公差应当相等，公差增大的方向要同向，增大的倍数要等于以后的分组数，如图 1-34（b）所示。

② 分组数不宜过多，多了会增加零件的测量和分组工作量，并使零件的储存、运输及装配等工作复杂化。

③ 分组后各组内相配合零件的数量要相等，形成配套，否则就会出现某些尺寸零件的积压浪费现象。

分组装配适用于配合精度要求很高和相关零件数一般只有两三个的大批量生产。

3）修配装配法

在单件、小批生产中，装配精度要求高而且组成件多时，完全互换或不完全互换法均不能采用，在这些情况下，修配装配法是被广泛采用的方法之一。

修配装配法是指在零件上预留修配量，在装配过程中用手工锉、刮、研等方法修去该零件上多余的材料，使装配精度达到要求。修配法的优点是能够获得很高的装配精度，而零件的制造精度要求可以放宽。缺点是装配过程中以手工操作为主，劳动量大，工时不易预定，生产效率低，不便于组织流水作业，而且装配质量依赖于工人的技术水平。

温馨提示

采用修配法时应注意的事项有以下两点：

（1）应正确选择修配对象。应选择那些只与本项装配精度有关而与其他装配精度项目无关的，且易于拆装及修配面不大的零件作为修配对象。

（2）应该通过计算，合理确定修配件的尺寸及其公差，既要保证它具有足够的修配量，又不要使修配量过大。

为了弥补手工修配的缺点，应尽可能考虑采用机械加工的方法来代替手工修配，如采用电动或气动修配工具或用"精刨代刮""精磨代刮"等机械加工方法。

具体修配方法很多，常用的除"按件修配法"外，还有"综合消除法"，又称为就地加工法。这种方法的典型例子有：转塔车床对转塔的刀具孔进行"自镗自"，龙门刨床的"自刨自"，平面磨床的"自磨自"，立式车床的"自车自"等。此外，还有合并加工修配法，它是将两个或多个零件装配在一起后进行合并加工修配的一种修配方法，这样，可以减少累积误差，从而减少修配工作量。由于修配法有其独特的优点，又采用了各种减轻修配工作量的措施，因此除了在单件、小批量生产中被广泛采用外，在成批生产中也较多采用。至于合并法或综合消除法，其实质都是减少或消除累积误差，这种方法在各类生产中都有应用。

4）调整装配法

调整装配法与修配装配法在原则上是相似的，但具体方法不同。调整装配法是用一个可调整零件，在装配时调整它在机器中的位置或增加一个定尺寸零件（如垫片、垫圈、套筒等）以达到装配精度的。上述两种零件，都起到补偿装配累积误差的作用，故称为补偿件。相应于这两种补偿件的调整法分别叫作可动补偿调整法和固定补偿件调整法。

调整装配法的优点有以下两点：

（1）能获得很高的装配精度，在采用可动补偿件调整法时，可达到理想的精度，而且可以随时调整由于磨损、热变形或弹性变形等原因所引起的误差。

（2）零件可按经济精度要求确定加工公差。

调整装配法的缺点有以下几点：

（1）往往需要增加调整件，这就增加了零件的数量，增加了制造费用。

（2）在应用可动调整件时，往往要增大机构的体积。

（3）装配精度在一定程度上依赖于工人的技术水平，对于复杂的调整工作，工时较长，时间较难预定，因此不便于组织流水作业。

因此采用调整装配法时，应根据不同机器、不同生产类型予以妥善的考虑。在大批量生产条件下采用调整法，应该预先采取措施，尽量使调整方便迅速。例如用调整垫片时，垫片应准备几挡不同规格。在单件、小批量生产条件下，往往在调整好零件或部件位置后，再设法固定。

调整装配法进一步发展，便产生了"误差抵消法"，这种方法是在装配两个或两个以上零件时，调整其相对位置，使各零件的加工误差相互抵消以提高装配精度。例如，在安装滚动轴承时，可用这种方法调整径向跳动。这是在机床制造业中常用来提高主轴回转精度的一种方法，其实质就是调整前后轴承偏心量（向量误差）的相互位置（如相位角）。又如滚齿机的工作台与分度蜗轮的装配，也可用这种方法来抵消偏心误差以提高其同轴度。

这种方法再进一步地发展，又产生了"合并法"，即是将互配件先行组装，经过调整，再进行加工，然后作为一个整体进入总装，以简化总装配工作，减少累积误差。例如，分度蜗轮与工作台组装后再精加工齿形，就可消除两者的偏心误差，从而提高滚齿机的传动精度。

3. 机械装配工艺规程

1）装配工艺规程的基本原则

（1）保证产品的装配质量，以延长产品的使用寿命。

（2）合理安排装配顺序和工序，尽量减少钳工手工劳动量，缩短装配周期，以提高装配效率。

（3）尽量减少装配占地面积。

（4）尽量减少装配工作的成本。

2）装配工艺规程的步骤

（1）研究产品的装配图及检验技术条件。

①审核产品图样的完整性、正确性。
②分析产品的结构工艺性。
③审核产品装配的技术要求和验收标准。
④分析和计算产品装配尺寸链。

（2）确定装配方法与组织形式。

①装配方法的确定主要取决于产品结构的尺寸大小和重量，以及产品的生产纲领。
②装配组织形式分为固定式装配和移动式装配两种。

固定式装配是全部装配工作在一固定的地点完成，适用于单件、小批量生产和体积、重量大的设备的装配。

移动式装配是将零部件按装配顺序从一个装配地点移动到下一个装配地点，分别完成一部分装配工作，各装配点工作的总和就是整个产品的全部装配工作，适用于大批量生产。

（3）划分装配单元，确定装配顺序。

①将产品划分为套件、组件和部件等装配单元，进行分级装配。
②确定装配单元的基准零件。
③根据基准零件确定装配单元的装配顺序。

（4）划分装配工序。

①划分装配工序，确定工序内容（如清洗、刮削、平衡、过盈连接、螺纹连接、校正、检验、试运转、油漆、包装等）。
②确定各工序所需的设备和工具。
③制定各工序装配操作规范，如过盈配合的压力等。
④制定各工序装配质量要求与检验方法。
⑤确定各工序的时间定额，平衡各工序的工作节拍。

（5）编制装配工艺文件。

五、机械拆装安全和文明生产操作规程

1. 机械拆装实习室安全制度

（1）要严格执行实习工厂的安全工作条例和设备拆装的操作规程，切实抓好安全工作。实习室主任是本室安全责任第一人，有权力和义务对所有成员经常进行安全教育，明确安全责任，定期进行安全检查。

（2）在实习室设立一名安全员，协助实习室主任抓好实习室的安全教育、安全检查及排除隐患等工作，并负责指导本实习室人员掌握消防器材的维护和使用。

（3）实习室主任、安全员必须对在实习室实习的学员进行安全教育，督查安全执行情况，确保人身及设备的安全。对违反规定者，管理人员有权停止其实习。

（4）实习室内严禁吸烟、打闹和做与实训无关的事情，注意保持实习室的环境卫生和设施安全。

（5）消防器材按规定放置，不得挪用。要定期检查，及时更换失效器材。

（6）实习室的钥匙必须妥善保管，对持有者要进行登记，不得私配和转借，人员调出时必须交回。实习室工作人员不得将钥匙借给学员。

（7）一旦发生火情，要及时组织人员扑救并及时报警。遇到案情事故，要注意保持现场并迅速报警。要积极配合有关部门查明事故原因。

（8）未经批准，任何人不得随便进入实习室。节假日需要加班者应写加班申请单，经实习室主任签字、实习工场负责人签字同意后方可，必须有两人以上在场，以确保人身安全。

（9）若工作需要对仪器、设备进行开箱检查、维修，要经实习室主任签字同意才能拆装，并要有两人在场。检修完毕或离开检修现场前，必须将拆开的仪器设备妥善存放。

（10）实习室值班人员离开实习室以前，必须进行安全检查，关好水、断电、锁门。

2. 机械拆装学员实习守则

（1）实习前按规定穿戴好工作服，依次有序进入实习场地。

（2）实习前做好充分准备，了解实习的目的、要求、方法、步骤及实习应注意事项。

（3）进入实习室必须按规定就位，听从实习指导老师的要求进行实习。

（4）保持实习室的安静、整洁，不得吵闹、喧哗，不得随地吐痰及乱扔脏物，与实习无关的物品不得带入实习室。

（5）实习前首先核对实习用品是否齐全，如有不符，应立即向实习指导老师提出补领或调换。

（6）爱护实习仪器及设备，严格按照实习规程使用仪器和设备，不得随便乱拆卸。

（7）实习时按实习指导书要求，分步骤认真做好各项实习内容，并做好实习记录，填写实习报告书。

（8）拆下的零部件要摆放有序，搬动大件务必注意安全，以防砸伤人及机件。

（9）注意安全，如实习中发现异常，应立即停止实习，及时报请实习指导老师检查处理。

（10）实习结束后，清洁场地、设备，整理好工位。清点并擦净工量具，放回原处，才能离开实习场地。

3. 机械拆装操作安全须知

（1）注意将待拆卸设备切断电源，挂上"有人操作，禁止合闸"标志。

（2）设备拆卸时必须遵守安全操作规则，服从指导人员的安排与监督。认真严肃操作，不得串岗操作。

（3）需要使用带电工具（手电钻、手砂轮等）时，应检查是否有接地或接零线，并应佩戴绝缘手套、胶鞋。使用手照明灯时，电压应低于 36 V。

（4）如需要多人操作时，必须有专人指挥，密切配合。

（5）拆卸中，不准用手试摸滑动面、转动部位或用手试探螺孔。

（6）使用起重设备时，应遵守起重工安全操作规程。

（7）试车前要检查电源连接是否正确，各部位的手柄、行程开关、撞块等是否灵敏可靠，传动系统的安全防护装置是否齐全，确认无误后才可开车运转。

（8）试车规则：空车慢速运转后逐步提高转速，运转正常后，再做负荷运转。

项目实施

实训前准备

（1）实训设备：各种类型的自行车，如图 1-35 所示。

（2）拆装工具：各类扳手、钳子、螺丝刀、锤子、鲤鱼钳等。

图 1-35　自行车图形

任务一　自行车拆卸

> **交流讨论**
> 分组讨论自行车的拆卸步骤。

1. 前后轴的拆卸

拆卸前后轴之前，先将车支架支起。倒放前，先用螺丝刀将车铃的固定螺钉拧松，把车铃转到车把下面，另外在车把和鞍座下面垫块布。自行车前后轴如图 1-36 所示。

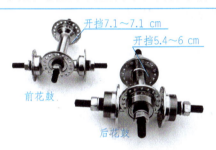

图 1-36　自行车前后轴

1）拆卸前轴的步骤和方法

(1) 拆圆孔式闸卡子。要用螺丝刀松开两个闸卡子螺钉，将闸卡子从闸叉中向下推出，再把闸叉用手稍加掰开。凹槽式闸卡子可以不拧松闸卡子螺钉，只需将闸叉从闸卡子的凹槽中推出，再稍加掰开即可。

(2) 拆卸轴母。拆卸时要先卸紧的，后卸松的，防止产生连轴转的现象。

(3) 拆卸轴挡。拆卸轴挡与拆卸轴母的顺序相反，应先卸松的，也就是一般先卸左边的。

(4) 拆卸轴承。用螺丝刀伸入防尘盖内，沿防尘盖的四周轻轻将防尘盖撬下来，再从轴碗内取出钢球。用同样的方法将另一边的防尘盖和钢球拆下。

2）后轴的拆卸步骤和方法

与拆卸前轴大同小异，拆卸时可以参照前轴的方法。所以，这里仅对不同之处介绍如下：

（1）拆卸半链罩车后轴时，先松开闸卡子，拧下两个轴母，将外垫圈、衣架、挡泥板支棍、车支架依次拆下，在链轮下端将链条向左用手（或用螺丝刀）推出，随即摇脚蹬子将链轮向后倒转。由于链条已被另一只手推出链轮，链条便从链轮上脱出。

（2）全链罩车后轴的拆卸方法有几种，其中一种简易的方法是，先将左边闸卡子的螺钉用螺丝刀拧松并推向后方，将闸叉向左稍加掰开。

（3）有些轻便车的后平叉头是钩形的，拆卸装有全链罩车的后轴，不需要卸链子接头，钳形闸也不需拆卸车闸，而普通闸则需拆下闸叉。

（4）拆卸后轴时，拧下轴母，将车架等卸下（全链罩车拆下后尾罩），将车轮从钩形后叉头上向前下方推滑下来。最后从飞轮上拆下链条。后轴拆卸后分解图如图1-37所示。

图1-37　后轴拆卸分解图

 思考探究

后轴拆卸与前轴拆卸相同的地方有哪些？

2. 中轴的拆卸

中轴的拆卸如图1-38所示。

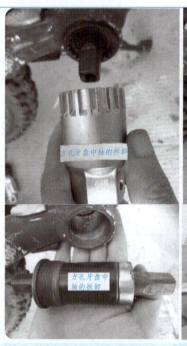

图1-38　中轴的拆卸

A型中轴的拆卸方法如下：

（1）拆曲柄销。

先拆左曲柄销，将曲柄转到水平位置，并使曲柄销螺母向上，用扳手将曲柄销螺母退到曲柄销的上端面与销的螺纹相平，再用锤子猛力冲击带螺母的曲柄销，使曲柄销松动后将螺母拧下，然后用钢冲将曲柄销冲下，再将左曲柄从中轴上转动取下。

（2）拆下半链罩。

取下左曲柄后，用螺丝刀拧下半链罩卡片的螺钉，拆下半链罩。

（3）拆中轴挡。

用扳手将中轴销母顺时针方向拧下，用螺丝刀（或尖冲子）把固定垫圈撬下，再用钢冲冲（或拨动）下中轴挡。

（4）取右曲柄、链轮和中轴。

从中轴右边将连在一起的右曲柄、链轮和中轴一同抽出，最后把钢球取出。中轴碗未损坏则不必拆下，右轴挡等零件未损坏也没必要将曲柄同中轴拆开。

拆卸全链罩车的中轴时，在中轴挡等零件拆下后，用螺丝刀从链轮底将链条向左（里）撬出链轮，再倒转脚蹬，将链条向里脱下，这样，右曲柄连同中轴就能顺利拆下。

任务二　自行车装配

分组讨论自行车的装配步骤。

装配自行车前，对能用的零件需进行清洗，对已损坏的零件需用同规格的新零件代替。

1. 前轴的装配

安装前轴的步骤和方法如下：

（1）沿两边的轴碗（球道）内涂黄油（不要过多，要均匀），把钢球装入轴碗。当装到后一个钢球时，要使一面钢球间留有半个钢球的间隙。如果是球架式钢球，注意不要装反。钢球装好后，将防尘盖挡面向外，装在轴身内，用锤子沿防尘盖四周敲紧。

（2）将前轴棍穿入轴身内，把轴挡拧在轴棍上。如用手拧不动，可以采用锁紧法。安装轴挡后要求轴棍两端露出的距离相等，轴稍留有旷量。

（3）在轴的两端套入内垫圈（有的车没有），并使垫圈紧靠轴挡，再将车轮装入前叉嘴上。然后按顺序将挡泥板支棍、外垫圈套入前轴，再拧上前轴母。随后，扶正前车轮（使车轮与前叉左右的距离相等，前轴棍要上到前叉嘴的里端），用扳手拧紧轴母。

（4）前轴安装好后，松紧要适当，要求不松不紧，转动灵活，不得出现卡住、振动等现象。具体的检查方法是，把车轮抬起，将气门提到与轴的平行线上，使车轮自由摆动，摆动数次（以单方向摆动为一次计算），如出现卡住，振动等现象，则应进行调整。调整时可用扳手将一个轴母拧松，用花扳手将轴挡向左或右调动（轴紧用扳手向左调动轴挡；轴松用扳手将轴挡向右调），然后将轴母拧紧。

（5）将闸卡子移回原位置，装上闸叉，拧紧卡子螺钉。涨闸车要将涨闸去板固定在夹板内，最后锁紧螺钉。

2. 后轴的装配

与前轴的装配大同小异，装配时可以参照前轴的方法。

（1）把钢球装入轴碗，将防尘盖挡面向外，装在轴身内，用锤子沿防尘盖四周敲紧。

（2）将后轴棍穿入轴身内，把轴挡拧在轴棍上，安装轴挡后要求轴棍两端露出的距离相等。

（3）在轴的两端套入内垫圈（有的车没有），并使垫圈紧靠轴挡，再将链条套到飞轮上，将车轮装入钩形后叉头上。然后按顺序将自行车支架、书包架支棍、挡泥板支棍、外垫圈套入后轴，再拧上后轴母。随后，扶正后车轮（使车轮与后叉左右的距离相等），用扳手拧紧轴母。

3. 中轴的装配

A 型中轴的装配步骤和方法如下：

（1）在中轴碗内抹黄油，将钢球顺序排列在轴碗内（如果是球架式钢球，可参看前后轴安装装配）。

（2）把中轴棍（上面已安装有右轴挡、链轮和右曲柄）从右面穿入中接头，与右边中轴碗、钢球吻合。如果是全链罩车，在穿进中轴棍后，用螺丝刀将链条挂在链轮的底部，转动链轮，将链条完全挂在链轮上。

(3) 将左轴挡向左拧在中轴棍上，但与钢球之间要稍留间隙，再将固定垫圈（内舌卡在中轴的凹槽内）装进中轴，最后用力锁紧中轴锁母。

(4) 中轴的松紧要适当，应使其间隙最小，而又转动灵活，旷度不超过 0.5 mm。轴挡松或紧，可拧松中轴锁母，用尖冲冲动轴挡端面的凹槽，调动轴挡，最后用力锁紧中轴锁母。

(5) 将左曲柄套在中轴左端，并转到前方与地面平行，把曲柄销斜面对准中轴平面，从上面装入曲柄销孔并打紧。左、右曲柄销的安装方向正好相反。换右轴挡及安装右曲柄销，也可按上述装配方法进行。

(6) 将链条从下面挂在链轮上，挂好链条再安装半链罩。如果是全链罩车，将全链罩盖、前插片按照拆卸相反的顺序装在罩上（参看中轴的拆卸）。最后，拧动调链螺母调整链条的幅度，拧紧右端的后轴母。

温馨提示

其他型号中轴的装配步骤和方法参照 A 型中轴的装配步骤和方法。

项目评价

任务结束后填写自行车拆装实训评分表，见表 1-8。

表 1-8 自行车拆装实训评分表

类型	项次	项目与技术要求	配分	评定方法	实测记录	得分
过程评价 40%	1	能熟练查阅相关资料	10	否则扣 10 分		
	2	能正确制定拆装工艺路线	10	每错一项扣 2 分		
	3	能正确选用相关工、量、刃具	5	每选错一样扣 1 分		
	4	操作熟练姿势正确	5	发现一项不正确扣 2 分		
	5	安全文明生产、劳动纪律执行情况	10	违者扣 10 分		
实训质量评价 60%	1	前后轴的拆卸正确	10	一次不正确扣 5 分		
	2	中轴的拆卸正确	10	不正确扣 10 分		
	3	前轴的装配正确	10	不正确扣 10 分		
	4	后轴的装配正确	10	不正确扣 10 分		
	5	中轴的装配正确	10	不正确扣 10 分		
	6	装配后的平衡调试效果好	10	总体评定		

项目二

摩托车拆装实训

项目导入

摩托车也是人们常用的交通工具,本项目与项目一实训时二选一,通过摩托车的拆卸实训:首先,让学生了解四行程摩托车发动机及其传动系统的结构和工作原理;通过接触实际的典型机械,使学生了解机械原理知识在工程机械中的具体应用,激发学生的学习兴趣和学习主动性。其次,分析各种机构在摩托车发动机及其传动系统中的应用;通过对现有机械的拆装,既培养学生的动手能力,又锻炼学生分析问题及解决问题的能力,培养设计与分析机械系统运动方案的能力。最后,为帮助学生学习后续其他专业基础课程及相关实训课程,增加更多的感性认识,进一步培养学生的结构分析能力和分析机械传动系统的能力,熟悉机械的实际应用价值。

知识储备

一、螺纹紧固件的拆装

1. 普通螺纹要素

螺纹要素由牙型、公称直径、螺距(或导程)、线数、旋向和精度等组成。螺纹的形成、尺寸和配合性能主要取决于螺纹要素,只有当内、外螺纹的各要素相同时,才能互相配合。

三角形螺纹的主要参数如图2-1所示。

(1)牙型角 α。它是在螺纹牙型上,两相邻牙侧间的夹角。

(2)螺距 P。螺距是相邻两牙在中径线上对应两点间的轴向距离。

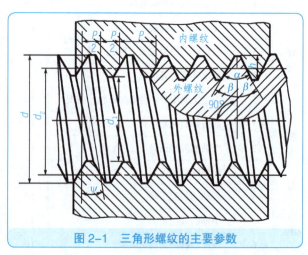

图2-1 三角形螺纹的主要参数

（3）导程 L。导程是同一条螺旋线上相邻两牙在中径线上对应两点间的轴向距离。

当螺纹为单线螺纹时，导程与螺距相等（$L=P$）。当螺纹为多线螺纹时，导程等于螺旋线数（Z）与螺距（P）的乘积，即 $L=Z \cdot P$。

（4）螺纹大径 d、D。螺纹大径是指与外螺纹牙顶或内螺纹牙底相切的假想圆柱或圆锥的直径。外螺纹大径用 d 表示，内螺纹大径用 D 表示。国家标准规定，螺纹大径的基本尺寸称为螺纹的公称直径，它代表螺纹尺寸的直径。

（5）中径 d_2、D_2。中径是一个假想圆柱或圆锥的直径，该圆柱或圆锥的素线通过牙型上沟槽和凸起宽度相等的地方，该假想圆柱或圆锥称为中径圆柱或中径圆锥。同规格的外螺纹中径 d_2 和内螺纹中径 D_2 公称尺寸相等。

（6）螺纹小径 d_1、D_1。螺纹小径是与外螺纹牙底或内螺纹牙顶相切的假想圆柱或圆锥的直径，外螺纹小径用 d_1 表示，内螺纹小径用 D_1 表示。

（7）顶径。与外螺纹或内螺纹牙顶相切的假想圆柱或圆锥的直径，即外螺纹的大径或内螺纹的小径。

（8）底径。与外螺纹或内螺纹牙底相切的假想圆柱或圆锥的直径，即外螺纹的小径或内螺纹的大径。

（9）原始三角形高度 H。原始三角形高度指由原始三角形顶点沿垂直于螺纹轴线方向到其底边的距离。

（10）螺纹升角 ψ。螺纹升角是指在中径圆柱或中径圆锥上螺旋线的切线与垂直于螺纹轴线平面的夹角。

三角形螺纹的种类、代号、牙型和标注见表2-1。

表2-1 三角形螺纹的种类、代号、牙型和标注

三角螺纹种类及牙型代号	外形图	内外螺纹旋合牙型放大图	代号标注方法	附注
普通螺纹 M			M12-5g6g-S M20×2-LH-6H M20×2-LH-6H/6g	普通粗牙螺纹不注螺距，细牙螺纹多用于薄壁工件，中等旋合长度不标N
英制 in（"）			1/2 in（1/2"） 1 1/2 in（1 1/2"）	英制螺纹在进口设备和修配时会遇到。英制螺纹，它以每英寸长度中的牙数来确定。螺距 $P = \frac{1}{n}$ in $= \frac{25.4}{n}$ mm
圆柱管螺纹 G			G1 1/2 A G1 1/2-LH G1 1/2/G1 1/2 A	外管螺纹中径公差等级分A、B两级，上偏差为零、下偏差为负。内管螺纹中径公差等级只有一种

续表

三角螺纹种类及牙型代号		外形图	内外螺纹旋合牙型放大图	代号标注方法	附注
60°圆锥管螺纹 NPT				NPT $\frac{3}{8}$ NPT $\frac{3}{8}$-LH	内、外管螺纹中径均仅有一种公差带，故不注公差代号
用螺纹密封的管螺纹	圆锥外螺纹 R			$R\frac{1}{2}$-LH $R_C 1\frac{1}{2}/R 1\frac{1}{2}$	内、外螺纹中径均只有一种公差带，即：H_1、h_b
	圆锥内螺纹 R_C			$R\frac{1}{2}$-LH $R_C 1\frac{1}{2}/R 1\frac{1}{2}$	
	圆柱内螺纹 R_P			$R_P \frac{1}{2}$ $R_P 1\frac{1}{2}/R 1\frac{1}{2}$	

观察思考

机械连接中应用最多的是哪种类型，它有什么突出的优点？

2. 螺旋传动的分类

常用的螺旋传动有普通螺旋传动、差动螺旋传动和滚珠螺旋传动等。

查阅资料

螺旋传动的常见类型及应用。

观察思考

列举一到两个常见的应用螺纹传动的实例。

3. 常用螺纹的选用及防松

螺栓、螺钉是机械装配螺纹连接中常用的标准件，螺纹连接是一种可拆卸的固定连接。常用的螺纹连接件由螺钉或螺栓、螺母和垫圈等组成，称为普通螺纹连接。普通螺纹连接的基本类型及应用见表2-2。

表 2-2 普通螺栓连接的基本类型及应用

基本类型	图例	连接形式	特点及应用
普通螺栓	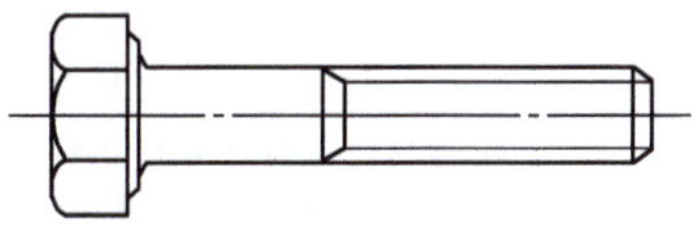	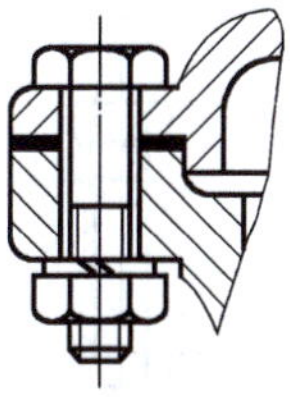	螺栓连接无须在被连接件上加工螺纹，被连接件不受材料的限制。主要用于被连接件不太厚，并能从两边进行装配的场合
双头螺栓	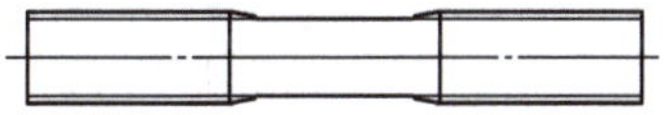	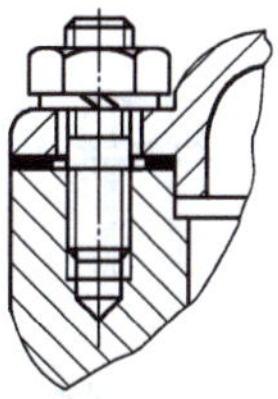	双头螺栓拆卸时只需旋下螺母，螺柱仍留在机体螺纹孔内，故螺纹孔不易损坏。主要用于被连接件较厚，而又需经常拆装的场合
六角螺钉	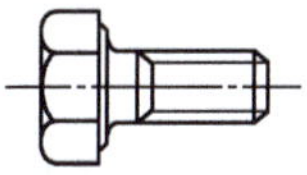	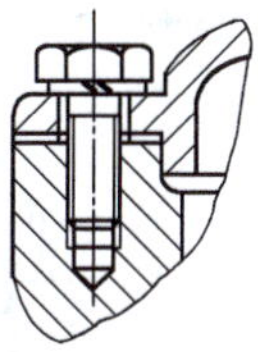	用于被连接件较厚，结构受到限制，不能采用螺栓连接，且不需经常拆装的场合
圆柱头内六角螺钉	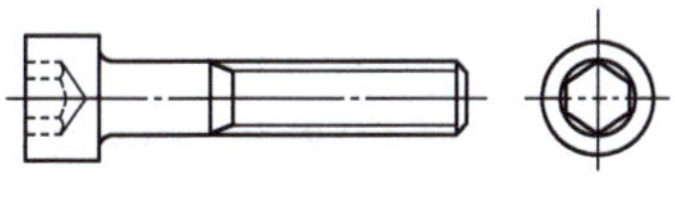	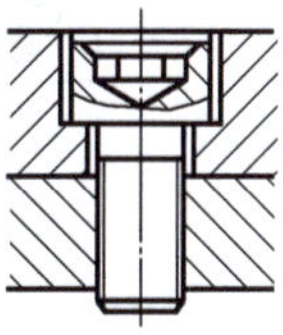	其圆柱头在装配时埋入零件沉孔内，用于零件表面不允许有凸出物的场合
紧定螺钉	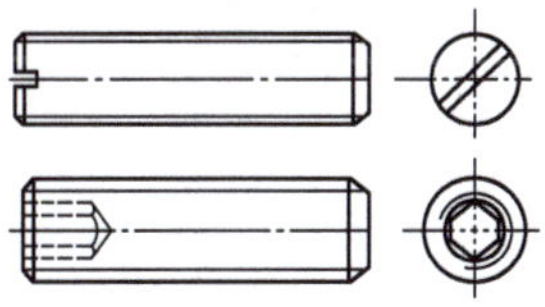	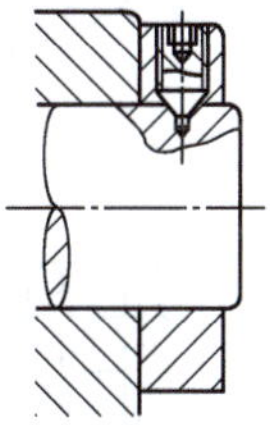	紧定螺钉的尖端顶住被连接件的表面或锥坑，以固定两零件的相对位置。多用于传递力或转矩的轴与轴上零件的连接
其他形式螺钉		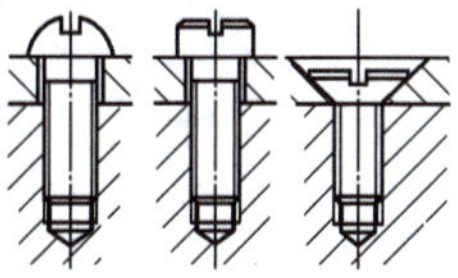	用于受力不大，重量较轻零件的连接

作紧固用的螺纹连接一般具有自锁作用。但在受到冲击、振动或变载荷作用的情况下，为防止松动，必须采取防松措施。螺纹连接常用的防松方式见表 2-3。

表 2-3　螺纹连接常用的防松方式

防松方式		防松类型简图	防松特征
增加摩擦力防松	双螺母防松	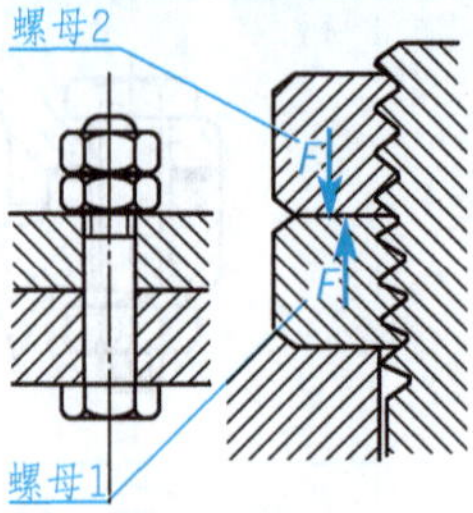	利用两个螺母相互压紧，并使螺母与连接件压紧产生螺纹间的摩擦力。用于低速或工作较平稳场合
	弹簧垫圈防松	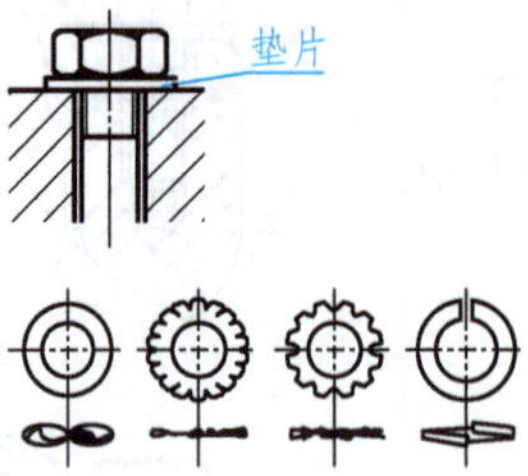	弹簧垫圈压平后，在弹力作用下，使螺纹副轴向压紧。同时垫圈斜口抵住螺母与支承面，也起到一定的防松作用。 弹簧垫圈结构简单，安装方便，防松可靠，应用普遍
机械防松	开口销防松	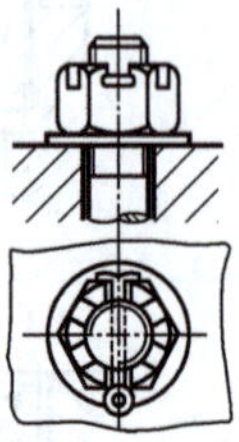	槽形螺母拧紧后，用开口销穿过螺栓尾部小孔及螺母槽，再分开开口销末端开口。防松可靠，用于变载、振动场合
	止动垫圈防松	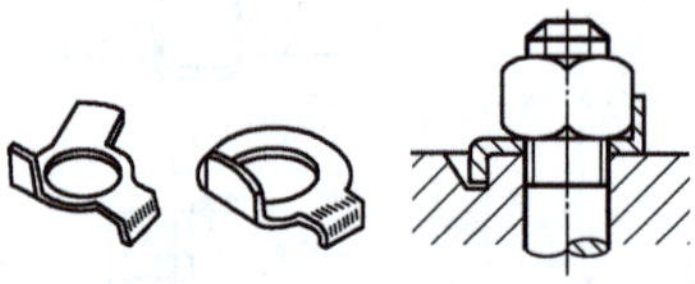	垫圈套入螺栓，下弯的外舌放入被连接件的小槽内，拧紧螺母后，将垫圈另一侧外舌向上弯起与螺母一边贴紧，以防止螺母回松。机构简单，使用方便，防松可靠，但安装受连接件结构限制
	串联钢丝防松	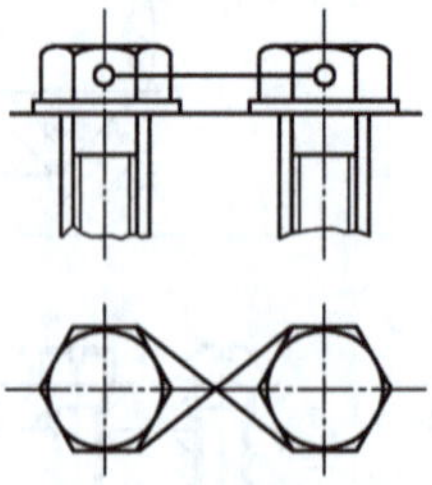	用钢丝穿过一组螺钉头部小孔，使其相互制约而防松。仅用于成组螺钉连接的防松，制约方向应与螺钉回松方向相反

观察思考

自行车、摩托车螺纹连接时常见的防松方式有哪些？

4. 螺纹连接的装配要点

（1）螺纹配合应做到用手能自由旋转，过紧会损伤螺纹，过松则受力后易导致螺纹断裂。

（2）螺栓、螺母端面应与螺纹轴线垂直，以使其受力均匀。

（3）零件与螺栓、螺母的配合面应平整光洁，否则螺纹易松动。为了提高连接质量，可加垫圈。

（4）必须保证双头螺柱与机体螺纹的配合有足够的紧固性，在拆装螺母过程中，螺栓不能有任何松动现象，否则容易损坏螺孔。

（5）双头螺柱的轴心线应与机体表面垂直。通常用90°角尺检验或目测判断，并及时进行纠正。

（6）装入双头螺栓时，必须加润滑油，以免拧入时产生螺纹拉毛现象，同时可以防锈，为以后拆卸更换提供方便。

5. 螺母的拆装

螺母常用的拆装方法见表2-4。

表2-4 螺母常用的拆装方法

内容	练习要领	示意图
双螺母拆装法	先将两个螺母相互锁紧在双头螺栓上，拧紧时可扳动上面一个螺母；拆卸时则需扳动下面一个螺母	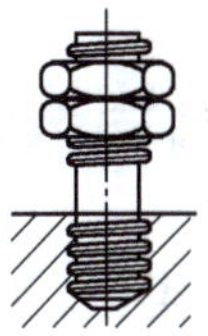
长螺母拆装法	使用时先将长螺母旋在双头螺栓上，然后拧紧顶端止动螺钉。装配时只要扳动长螺母，即可使双头螺栓旋紧。拆卸时应先将止动螺钉回松，然后再旋出长螺母	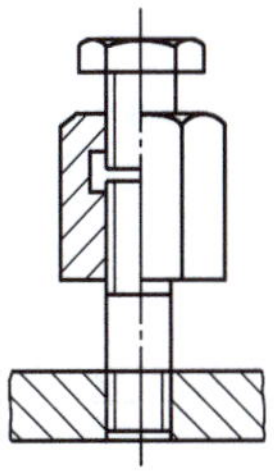
用带有偏心盘的旋紧套筒装配双头螺栓	将双头螺栓上较短的一端旋入连接件，再安装被连接件，最后拧紧螺母。该旋具具有拆装方便、可靠的特点	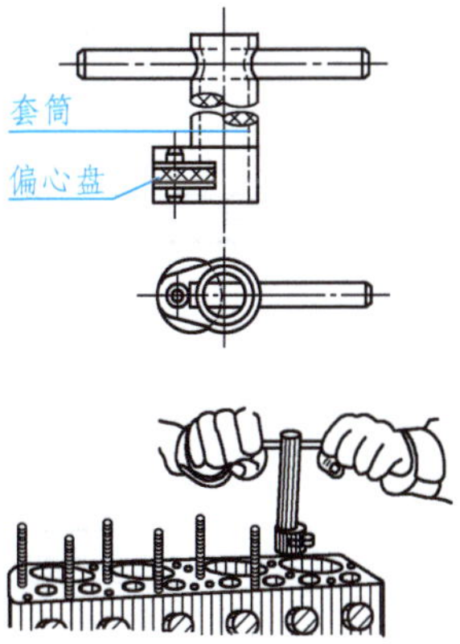

续表

内容	练习要领	示意图
装配成组螺钉螺母	为了保证零件的贴合面受力均匀，应按一定顺序拧紧，如右图所示。而且不要一次完全旋紧，应按图中顺序分两次或三次旋紧	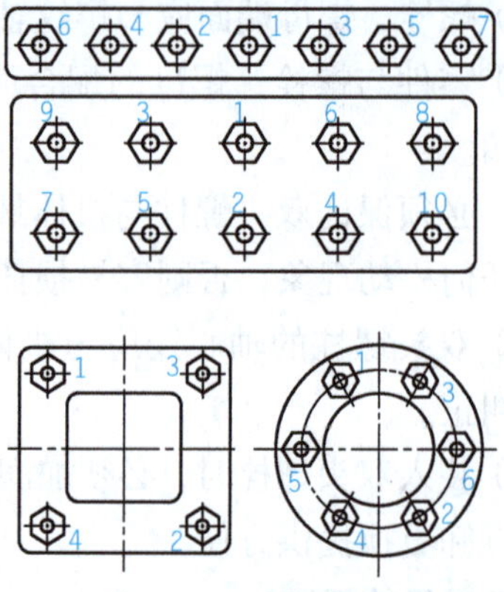

观察思考

螺母拆装主要有哪几种方法？

二、键、销连接件的拆装

1. 键连接的类型、特点及应用

键连接的类型、特点及应用见表 2-5。

表 2-5 键连接的类型、特点及应用

基本类型		图例	连接形式	特点及应用
平键	普通平键	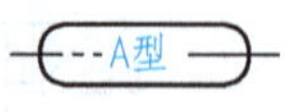 A型 B型 C型	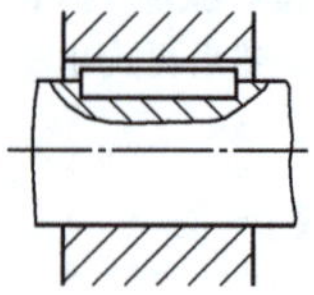	依靠键与键槽侧面的挤压力来传递转矩，故平键的两个侧面是工作面，平键的上表面与轮毂槽的顶面之间留有间隙。 平键连接的结构简单，拆装方便，对中性好，应用最广，但它不能承受轴向力，故对轴上零件不能起到轴向固定的作用

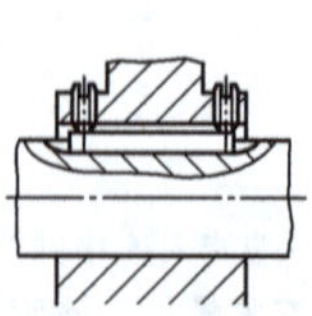

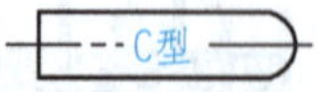

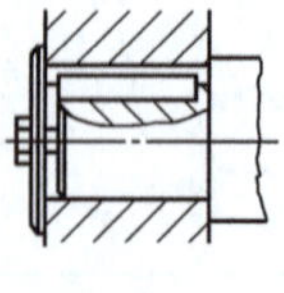

续表

基本类型		图 例	连接形式	特点及应用
平键	导向平键			导向平键是一种较长的平键，用螺钉固定在轴上，键与轮毂槽采用间隙配合，轴上零件能做轴向位移。 导向平键适用于移动距离不大且转矩较小的场合。例如变速箱中的滑移齿轮与轴的连接
半圆键				依靠键的两个侧面传递转矩。键在轴槽中能绕其几何中心摆动，装配方便。但键槽较深，对轴的强度削弱较大。 一般只用于轻载或锥形轴端与轮毂的连接
楔键	普通楔键			键的上下两面为工作面，依靠楔紧作用传递转矩，能轴向固定零件和传递单方向的轴向力，对中性较差。 用于精度要求不高、低速和载荷平稳的场合，钩头供拆卸用
	钩头楔键			
切向键				由两个楔键组成，对中性差，一个切向键只能传递一个方向的转矩，传递双向转矩应按120°分布两个切向键。 用于载荷较大、对中性要求不高和轴径很大的场合

观察思考

轴上采用键连接的目的是什么？

2. 键连接件的拆装

键连接件在拆装时，必须考虑到拆卸方便，特别是需要经预装配的组件。键和配件必须经修配后才能压入，否则会造成拆卸困难，还会使组件损坏，造成不必要的损失。键连接件的装配见表2-6。

表 2-6　键连接件的装配

内容	基本常识	装配方法	示意图
平键连接件的装配	键的两侧面为过渡配合，键的底面应与槽底接触，顶面应留有较大的间隙，在键长方向也应留有一定的间隙。平键连接所采用的键有普通平键、导向平键、半圆键三种	（1）消除键槽的锐边，以防装配时造成过大的过盈。 （2）试装配轴和轴上的配件（先不装入平键），以检查轴和孔的配合状况，避免装配时轴与孔配合过紧。 （3）修配平键与键槽宽度的配合精度，要求配合稍紧，不得有较大间隙，若配合过紧，则将键侧面稍做修整。 （4）修锉平键、半圆键与轴上键槽间留有 0.1 mm 左右的间隙。 （5）将平键安装于轴的键槽中，在配合面上应加机械油，用台虎钳夹紧（钳口必须垫铜片）或用铜棒敲击，将平键压入轴上键槽内，并与槽底接触。 （6）试配并安装配件，键顶面与配件槽底面应留有 0.3～0.5 mm 的间隙。若侧面配合过紧，则应拆下配件，根据键槽上的接触印痕，修整配件的键槽两侧面，但不允许有松动，以避免传递动力时产生冲击及振动	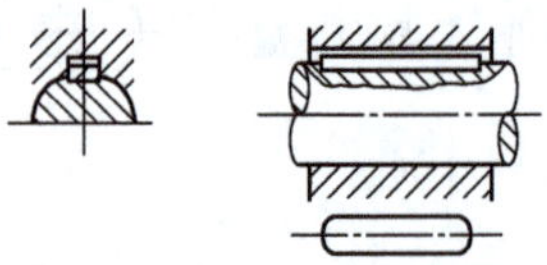 （a） 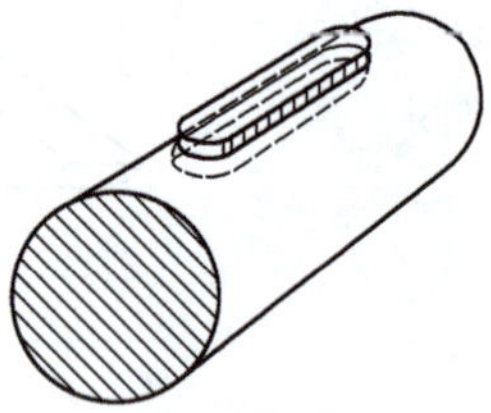 （b）
楔键连接件的装配	楔键的形状与平键形状相似，但顶面有 1：100 的斜度，一端有钩头，便于键的拆卸。装配时主要是保证键的上下结合面配合良好	（1）锉配键宽，使其与键槽之间保持一定的配合间隙。 （2）将轴上配件的键槽与轴上键槽对正，在楔键的斜面上涂色后敲入键槽内，根据接触斑点来判别斜度配合是否良好。然后用锉削或刮削法进行修整，使键与键槽的上下结合面紧密贴合，清洗楔键和键槽，最后将楔键涂油后敲入键槽中。 （3）对于钩头楔键，不能使钩头紧贴套件的端面，必须留有一定的距离，以便拆卸	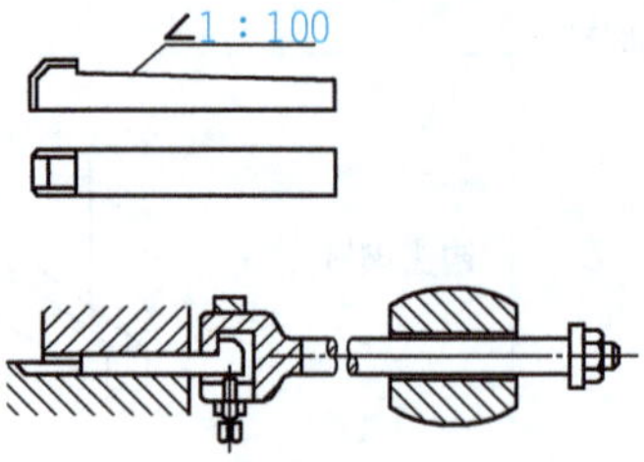
花键连接件的装配	花键连接用于传递较大的转矩，如机床的传动轴等。按其齿形的不同，可分为矩形、渐开线形、三角形等几种，其中最常用的是矩形花键，如右图(a)所示。花键轴与花键孔多为间隙配合，装配后应能相对滑动	（1）预装。花键轴具有较高的加工精度，装配前只需用油石将棱边倒角；花键孔一般用拉刀拉削而成，精度也很高。但对于花键孔齿轮，由于齿部经高频淬火，会使花键孔的直径缩小。因此，试装后需用油石或整形锉进行修整。 （2）用着色法进行修整。将齿轮固定在台虎钳上，两手将轴托住，在大花键孔中，找到误差最小的位置，同时在齿轮和花键轴端面做出标记，以便按标记装配，不得误装。在齿轮花键孔内涂色，将花键轴用锤子轻轻敲入，如右图（b）所示。退出轴后，根据色斑分布来修整键槽的两肩，反复数次直到合格为止。合适的尺度在于花键轴能在齿轮中沿轴向滑动自如，不忽松忽紧；转动轴时，不应感觉到有较大的间隙。 （3）装配。修正好后就可进行装配。由于花键连接的精度较高，故在装配过程中对各种因素都要考虑周密并且需要格外细心	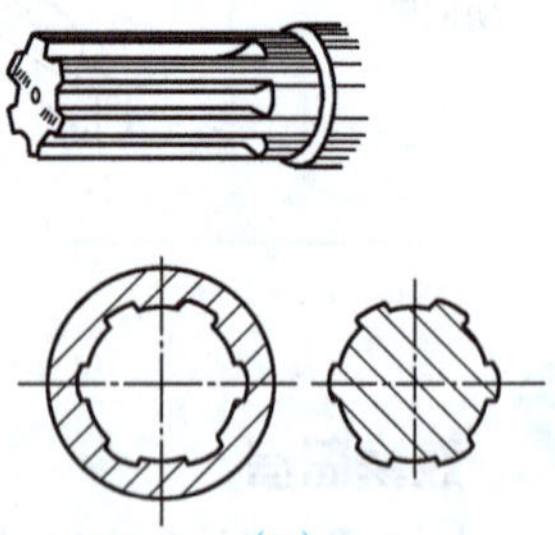 （a） 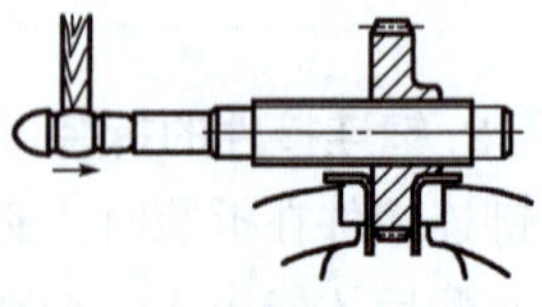 （b）

观察思考

最常用的连接键是什么类型？其他类型键在什么情况下使用？

3. 销的基本形式

销连接用来固定零件间的相互位置，构成可拆连接；也可用于轴和轮毂或其他零件的连接以传递较小的载荷；有时还用作安全装置中的过载剪切元件。销主要有圆柱销和圆锥销两种，如图 2-2 所示，其他形式的销都是由这两种销演化而来。在生产中常用的有圆柱销、圆锥销和内螺纹圆锥销三种。销已标准化，使用时，可根据工作情况和结构要求，按标准选择其形式和规格尺寸。

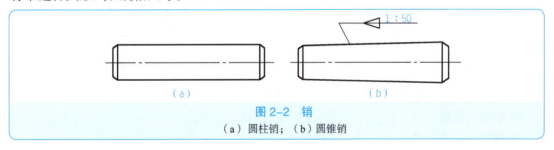

图 2-2 销

（a）圆柱销；（b）圆锥销

4. 销连接的应用特点

销连接可用来确定零件之间的相互位置、传递动力或转矩，还可用作安全装置中的被切断零件。

用作确定零件之间相互位置的销，通常称为定位销。定位销常采用圆锥销连接，如图 2-3 所示，因为圆锥销具有 1∶50 的锥度，使连接具有可靠的自锁性，且可以在同一销孔中，多次拆装而不影响连接零件的相互位置精度。定位销在连接中一般不承受或只承受很小的载荷。定位销的直径可按结构要求确定，使用数量不得少于两个。销在每一个连接零件内的长度为销直径的 1～2 倍。

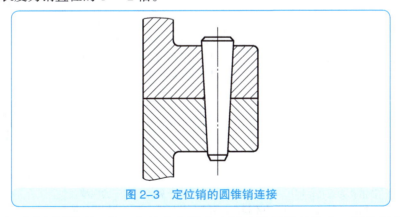

图 2-3 定位销的圆锥销连接

定位销也可采用圆柱销，靠一定的配合固定在被连接零件的孔中。圆柱销如多次拆装，会降低连接的可靠性和影响定位的精度，因此，只适用于不经常拆装的定位连接中。

为方便拆装销连接或对盲孔销连接,可采用内螺纹圆锥销(见图2-4)或内螺纹圆柱销定位。

用作传递动力或转矩的销称为连接销,如图2-5所示,可采用圆柱销或圆锥销,销孔需铰制。连接销工作时受剪切和挤压作用,其尺寸应根据结构特点和工作情况,按经验和标准选取,必要时应做强度校核。

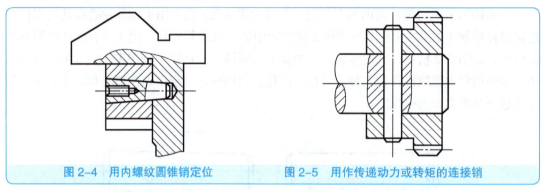

图 2-4　用内螺纹圆锥销定位　　　　图 2-5　用作传递动力或转矩的连接销

销的材料一般采用 35 或 45 钢,许用剪应力 $[\tau]$ 取为 80 MPa。

5. 销的拆装

销的拆装见表 2-7。

表 2-7　销的拆装

销的拆装		基本常识	练习要领	示意图
销的装配	圆柱销	圆柱销可以用来固定零件、传递动力或作为定位件。连接一般不宜多次拆装,否则会降低配合精度。这种连接都有一定的过盈量,一经拆卸就必须换用新销	装配时,两个连接件的销孔要同时钻出并铰孔,在销子表面涂些润滑油,用铜棒将销子打入孔中,或将铜棒垫在销子端面上,用锤子敲入	内螺纹圆柱销的拆卸
	圆锥销	标准圆锥销具有 1∶50 的锥度,拆装方便、定位准确,且可以多次拆装不影响其定位精度,主要用于定位。圆锥销的规格是以小端直径和长度来表示的	装配时,两被连接件的销孔也必须同时钻、铰,钻孔时需按小端直径选用钻头。铰孔时必须控制铰孔深度,销子插入孔内的深度,应占销子长度的 80% ~ 85% 为宜。当用铜棒敲入后,应保证销子的倒角部分伸出被连接件平面以外	螺尾圆柱销的拆卸
销的拆卸		若销孔为通孔,则用一个直径略小于销孔的金属棒在销子的底端顶住,用锤子敲出。若销孔为不通孔,则必须使用带内螺纹或螺尾的销子进行拆卸,如右图所示,或利用拔销器将销子拔出		

三、滑动轴承的拆装

1. 滑动轴承的结构形式

1）整体式径向滑动轴承

整体式径向滑动轴承的结构如图2-6所示。这是一种常见的向心滑动轴承,轴承座用螺栓与机架连接,轴承座孔内压入一摩擦系数很小的轴瓦,为润滑方便,轴承座顶部不受载荷处可开油沟并配合油杯进行润滑。整体式径向滑动轴承由轴承座、整体式轴瓦等组成。通过涂氮将轴瓦冷缩后套入轴承座,待温度回升后,两者之间即紧密结合在一起。轴承座上设有安装油杯的螺纹孔。在轴套上开有油孔并在轴套的内表面上开有油槽。这种轴承的优点是结构简单、成本低廉;缺点是轴套磨损后,轴承间隙无法调整;另外,只能从轴颈端部拆装,对于质量大的轴或具有中间轴颈的轴,拆装很不方便,甚至无法实现。所以这种轴承多用在低速、轻载或间歇性工作的机器中。

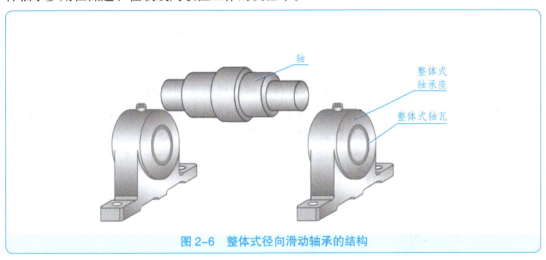

图2-6　整体式径向滑动轴承的结构

2）对开式径向滑动轴承

对开式径向滑动轴承的结构如图2-7所示,对开式径向滑动轴承轴承盖上部开有螺纹孔,用以安装油杯。轴瓦也是剖分式的,通常由下轴瓦承受载荷。为了节省贵重金属或其他需要,常在轴瓦内表面上浇注一层轴承衬。在轴瓦内壁非承载区开设油槽,润滑油通过油孔和油槽流进轴承间隙。轴承剖分面最好与载荷方向近似垂直,多数轴承

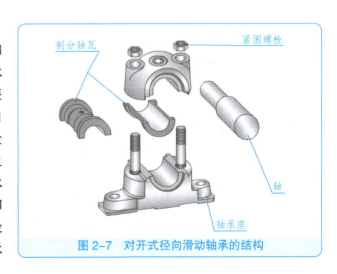

图2-7　对开式径向滑动轴承的结构

的剖分面是水平的（也有做成倾斜的）。这种轴承使轴颈与轴瓦之间通过调节仍能保持要求的间隙。对开式径向滑动轴承由于间隙可调、拆装方便，克服了整体式轴承的不足，因此应用较广泛。

对开式轴瓦的结构如图 2-8 所示。轴瓦的两端通常带有凸缘，以防止其在轴承座中发生轴向移动；一般用销钉或紧定螺钉固定，以防止其周向转动。为了将润滑油引入和分布到轴承的整个工作表面上，轴瓦上加工有油孔，并在内表面上开油槽，轴瓦上常见的油槽形式如图 2-9 所示。油槽应绝不贯通，以减少润滑油在端部的泄漏。油槽长度一般取轴瓦轴向宽度的 80%。

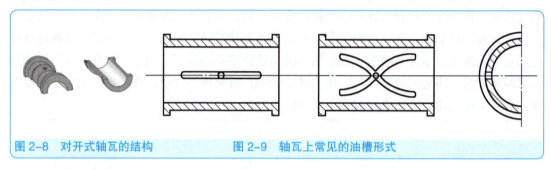

图 2-8　对开式轴瓦的结构　　　　图 2-9　轴瓦上常见的油槽形式

3）自位滑动轴承

自位滑动轴承是相对于轴颈表面可自行调整轴线偏角的滑动轴承，如图 2-10 所示，其特点是轴瓦与轴承盖、轴承座之间为球面接触，轴瓦在轴承中可随轴颈轴线转动，因而可避免因轴颈偏斜与轴承接触不良而引起轴瓦端部边缘的严重磨损，如图 2-11 所示。自位滑动轴承主要用于宽径比（滑动轴承宽度与孔径之比值）大于 1.5，或轴的挠度较大，或两轴承内孔轴线的同轴度误差较大的场合。

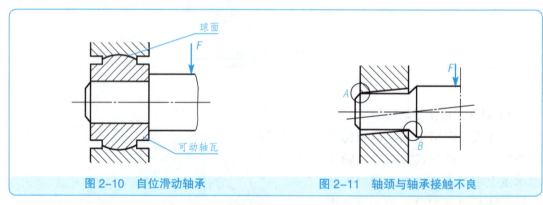

图 2-10　自位滑动轴承　　　　图 2-11　轴颈与轴承接触不良

4）可调间隙式滑动轴承

滑动轴承的轴瓦在使用中难免会磨损，造成间隙增大，影响运动精度。采用间隙可调整的滑动轴承（见图 2-12），可以避免上述不足，并延长了轴瓦的使用寿命。可调式轴承采用带锥形表面的轴套，有内锥外柱和内柱外锥两种形式，通过轴颈与轴瓦间的轴向移动实现轴承径向间隙的调整。轴套圆锥面的锥度为 1∶30～1∶10。在图 2-12（a）所示的结构中，轴颈为圆锥面，轴颈不动，拧动两端螺母调节轴套向右移动时，轴承径向间隙减小，反之则增大。在图2-12（b）所示的结构中，轴套内表面采用圆柱面，可避免不均匀磨损，当轴受热膨胀伸长时，不会影响轴承与轴颈的配合间隙，因此，使用时间隙可以调整得较小，使回转精度提高。为了使轴套具有较好的弹性，便于间隙的调整，可在轴套上对称地切几条槽，其中一条为通槽，如图2-12（c）所示。

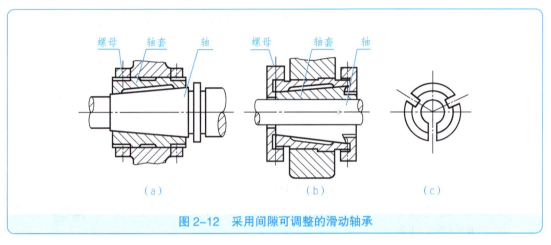

图2-12 采用间隙可调整的滑动轴承

5）止推滑动轴承

止推滑动轴承是承受轴向载荷的滑动轴承。由轴的端面或轴环传递轴向载荷，端面此时称为止推端面，轴环称为止推环，工作时均与轴承的止推垫圈相接触。图2-13所示为一种常见的止推滑动轴承，由轴承座、衬套、轴套和止推垫圈等组成。止推垫圈底部制成球面，以便于对中，并用销钉与轴承座固定。润滑油从下部用压力注入并经上部流出。

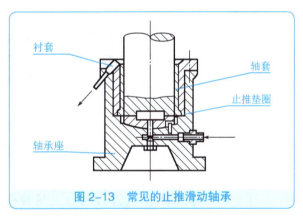

图2-13 常见的止推滑动轴承

2. 轴瓦（轴套）的材料

1）对轴瓦（轴套）材料的要求

轴瓦（轴套）是滑动轴承中直接和轴颈接触并有相对滑动的零件。因此，对它的材料有以下基本要求：

（1）良好的减摩性和耐磨性。良好的减摩性是指轴瓦（轴套）材料的摩擦因数小，与钢质轴颈不易产生胶合，相对滑动时不易发热，功率损失少。耐磨性好是指材料抵抗磨损的性能好，使用寿命长。一般情况下，材料的硬度越高越耐磨，为了不损坏机器中价值更高的轴，要求轴瓦（轴套）表面比轴颈表面硬度低一些，即工作中被磨损的应该是轴瓦（轴套），而不是轴颈。

（2）较好的强度和塑性。材料强度高，能保证在冲击、变载及较高压力下有足够的承载能力。塑性好则能适应轴颈的少量变形、偏斜，以保证轴瓦（轴套）与轴颈间的压力分布均匀。

（3）对润滑油的吸附能力强。吸附能力强便于建立牢固的润滑油膜，改善工作条件。

（4）良好的导热性。导热性好，则利于保持油膜，保证轴承的承载能力。

2）常用的轴瓦（轴套）材料

常用的轴瓦材料有以下几种：

（1）铸铁。铸铁有灰铸铁（如HT150、HT200）和耐磨铸铁MT两种。灰铸铁用于低速、轻载、不受冲击的轴承；耐磨铸铁用于与经淬火热处理的轴颈相配合的轴承。

（2）铜合金。铜合金有黄铜和青铜两种，用作轴承材料的多为铸造铜合金。这类材料均具有较高的强度、较好的减摩性和耐磨性。铸造黄铜常用的有铝黄铜 ZCuZn25Al6Fe3Mn3、锰黄铜 ZCuZn38Mn2Pb2、硅黄铜 ZCuZn16Si4 等，价格较青铜便宜，但减摩性及耐磨性不如青铜，常用于冲击小、负载平稳的轴承。铸造青铜常用的有锡青铜 ZCuSn10P1 和 ZCuSn5Pb5Zn5、铝青铜 ZCuAl10Fe3、铅青铜 ZCuPb30 等，一般用于中速、中重载及冲击条件下的轴承。

（3）轴承合金（巴氏合金）。这种材料具有良好的减摩性和耐磨性，常用的有锡基轴承合金（ZChSnSb11-6）和铅基轴承合金（ZChPbSb16-16-2）两类。轴承合金强度较低且价格较贵，通常用铸造方法浇铸在材料强度较高的轴瓦（轴套）表面，形成减摩层（衬层），既有较高的强度和刚度，又有良好的减摩性和耐磨性，一般用于中高速、重载以及冲击不大、负载稳定的重要轴承。

（4）聚酰胺（PA）。俗称尼龙，有较好的自润性（无须外加润滑剂即可正常工作）、耐磨性、减振性和耐腐蚀性，但导热性差、吸水性大、尺寸也不稳定。一般用于温度、速度不高，载荷不大，散热条件较好的小型轴承，常用的聚酰胺有尼龙6、尼龙66、尼龙1010等。

3. 滑动轴承的装配

1）整体式轴套的装配

整体式轴套的装配过程见表 2-8。

表 2-8　整体式轴套的装配过程

步骤	图例	操作说明
装配准备	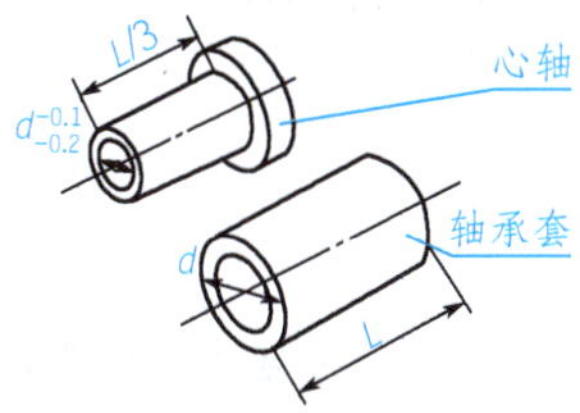	（1）准备必要的工、量、辅具，配制心轴一根。 （2）检测零件，轴套外径与座孔内径必须满足配合要求。 （3）用油石及锉刀去除轴套、轴承座孔上的毛刺并倒棱
	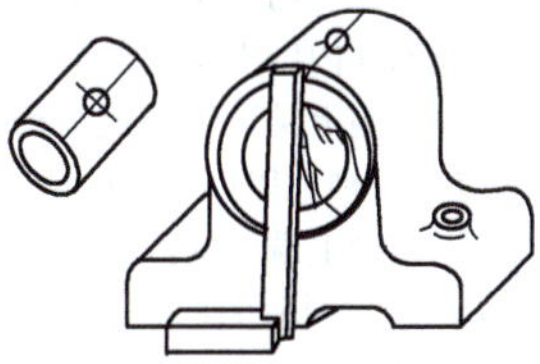	在轴套外圆通过油孔划一条母线，并在轴承座上划线
装配	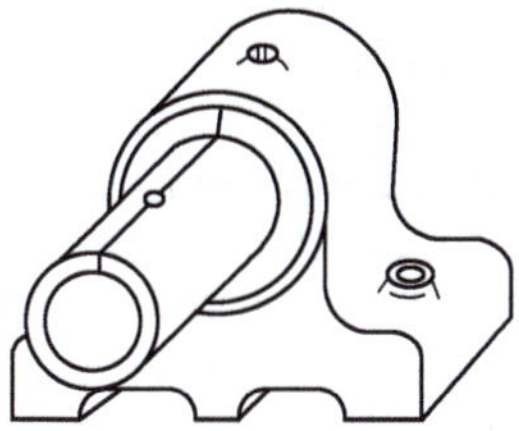	用纯棉布擦净零件配合表面，涂油润滑，将轴套外圆母线对正座孔端线，放入轴承座孔内
	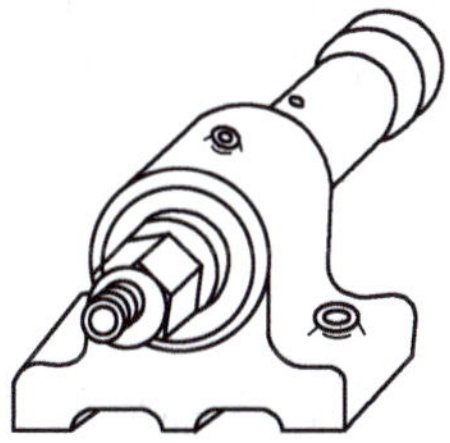	将螺杆插入心轴孔内，再将心轴插入轴套孔内，在轴承座另一端的螺杆上，先套入直径大于轴套外径的垫圈，再拧入螺母，并用扳手旋转螺母，将轴套拉入轴承孔内。也可用锤子配合铜棒直接敲击心轴，将轴套装配到位
检查装配		（1）目测油孔位置调整到位。 （2）在钻床上钻轴套定位螺孔。攻螺纹后，用螺钉旋具将紧定螺钉旋入螺孔内，并拧紧。 （3）用内径百分表测量轴套孔，根据测得的变形量，用刮削方法进行修整。刮刮时，最好利用要装配的轴作研具研点。接触斑点均匀，点数在 12 点 /25 mm² 以上，轴颈转动应灵活

2）对开式滑动轴承的装配

对开式滑动轴承的装配过程见表 2-9。

表 2-9 对开式滑动轴承的装配过程

步骤	图例	操作说明
装配准备	清点零件（轴承盖、上轴瓦、垫片、螺母、双头螺栓、轴承座、下轴瓦）	（1）准备必要的工、量、辅具，配制心轴一根。 （2）检查零件，清点零件，检测各配合尺寸。 （3）修整、清洗零件
装配	錾油槽（10~15 mm） 轴瓦的定位	（1）将上、下轴瓦做出标记，背部着色，分别与轴承盖、轴承座配研接触。接触点应在 6 点 /25 mm² 以上。 （2）在上轴瓦上与轴承盖配钻油孔。 （3）在上轴瓦内壁上錾削油槽。 （4）在轴承座上钻下轴瓦定位孔并装入定位销，定位销露出长度应比下轴瓦厚度小 3 mm。 （5）在定位销上端面涂红丹粉，将下轴瓦装入轴承座，使定位销的红丹粉拓印在下轴瓦背上。根据拓印，在下轴瓦背面钻定位孔。 （6）将下轴瓦装入轴承座内，再将 4 个双头螺栓装在轴承座上，垫好调整垫片，并装好上轴瓦与轴承座。然后利用工艺轴反复进行刮研，使接触斑点达 6 点 / 25 mm²，工艺轴在轴承中旋转没有阻卡现象。 （7）装上要装配的轴，调整好调整垫片，装配轴承盖，稍稍拧紧螺母，用木槌在轴承盖顶部均匀地敲打几下，使轴承盖更好地定位，拧紧所有螺母，拧紧力矩要大小一致。经过反复刮研，轴在轴瓦中应能轻捷自如地转动，无明显间隙，接触斑点在 12 点 / 25 mm² 时为合格。 （8）调整合格后，将轴瓦拆下，清洗干净，重新装配并装上油杯

3）静压滑动轴承的装配

静压滑动轴承是靠外界供给一定压力的润滑油，并进入轴承的油腔中，形成的静压力油膜将轴抬起。应保证轴在任何转速下和预定载荷作用下，轴与轴瓦均处于完全液体摩擦状态，这种靠液体的静压力实现润滑作用的滑动轴承，称为静压滑动轴承（或液体静压轴承）。

静压滑动轴承的装配是一项细致而复杂的工作，必须对各零件进行严格清洗、仔细检查和精心调整，才能满足其工作精度和要求。装配要点如下：

（1）检查配合尺寸。轴承外径与箱体孔的配合要有足够的过盈量，过盈太小或有间隙，均会使外圆上的油槽相通，造成轴承的承载能力下降，甚至无法工作。轴承孔要留有 0.02～0.03 mm 的研磨量，保证在配磨或配研后，轴承孔与轴颈之间存在合理的间隙。

(2) 装配前,应彻底清除各零件上的毛刺,并仔细清洗箱体孔、箱体内部和管路系统。装配后,还需要用纯净的煤油清洗和冲洗。

(3) 静压滑动轴承压入箱体(或轴承孔)后,要严防擦伤外圆表面,以免使油腔之间彼此互通。

(4) 静压滑动轴承装入箱体孔后,可采用研磨的方法使前后两轴承的同轴度符合要求。必要时也可按研磨后的孔径来配磨主轴直径。

(5) 静压滑动轴承的液压系统所使用的润滑油要符合要求,在经过粗滤、精滤后,方可加入到油箱中。

(6) 先用手转动主轴,当感觉轻快、灵活且均匀时才可启动液压系统。若转动不够灵活,要检查排除故障后才可启动。

(7) 启动供油系统后,要检查供油压力与油腔压力的比值是否正常,检查各油路有无渗漏现象,发现有不符合要求的情况要及时调整或修理。

观察思考

生产中哪种类型的滑动轴承应用较广?

四、滚动轴承的拆装

1. 滚动轴承的类型和代号

1) 滚动轴承的类型及类型代号

滚动轴承(滚针轴承除外)共有 12 种基本类型。滚动轴承的基本类型见表 2-10。

表 2-10 滚动轴承的基本类型

类型代号	轴承类型	类型代号	轴承类型
0	双列角接触球轴承	6	深沟球轴承
1	调心球轴承	7	角接触球轴承
2	调心滚子轴承和推力调心滚子轴承	8	推力圆柱滚子轴承
3	圆锥滚子轴承	N	圆柱滚子轴承,双列或多列用字母 NN 表示
4	双列深沟球轴承	U	外球面球轴承
5	推力球轴承	QJ	四点接触球轴承

2）滚动轴承的代号

滚动轴承的代号是用字母加数字来表示滚动轴承的结构、尺寸、公差等级、技术性能等特征的产品代号。轴承代号由前置代号、基本代号和后置代号构成，其排列如下：

| 前置代号 | 基本代号 | 后置代号 |

前置代号、后置代号是轴承在结构、尺寸、公差、技术要求等有改变时，在其基本代号左右添加的补充代号。前置代号用字母表示；后置代号用字母（或加数字）表示。

基本代号表示滚动轴承的基本类型、结构和尺寸，是轴承代号的基础。基本代号由轴承类型代号（见表2-10）、尺寸系列代号（见表2-11）、内径代号（见表2-12）构成，其排列如下：

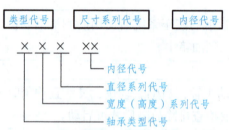

尺寸系列代号由轴承的宽（高）度系列代号和直径系列代号组合而成。向心轴承和推力轴承尺寸系列代号见表2-11。

表2-11 向心轴承和推力轴承尺寸系列代号

直径系列代号	向心轴承								推力轴承			
	宽度系列代号								高度系列代号			
	8	0	1	2	3	4	5	6	7	9	1	2
	尺寸系列代号											
7	—	—	17	—	37	—	—	—	—	—	—	—
8	—	08	18	28	38	48	58	68	—	—	—	—
9	—	09	19	29	39	49	59	69	—	—	—	—
0	—	00	10	20	30	40	50	60	70	90	10	—
1	—	01	11	21	31	41	51	61	71	91	11	—
2	82	02	12	22	32	42	52	62	72	92	12	22
3	83	03	13	23	33	—	—	—	73	93	13	23
4	—	04	—	24	—	—	—	—	74	94	14	24
5	—	—	—	—	—	—	—	—	—	95	—	—

常用的轴承类型、尺寸系列代号及轴承类型代号、尺寸系列代号组成的组合代号参见国家相关标准。

滚动轴承基本代号表示方法举例如下。

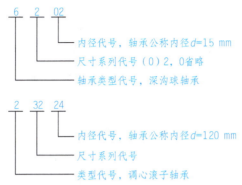

滚动轴承的内径代号见表2-12。

表2-12　滚动轴承的内径代号

轴承公称内径/mm		内径代号	示 例
0.6～10（非整数）		用公称内径毫米数直接表示，在其与尺寸系列代号之间用"/"分开	深沟球轴承 618/2.5 d=2.5 mm
1～9（整数）		用公称内径毫米数直接表示，对深沟及角接触球轴承7、8、9直径系列，内径与尺寸系列代号之间用"/"分开	深沟球轴承 62/5 d=5 mm 深沟球轴承 618/5 d=5 mm
10～17	10	00	深沟球轴承 6200 d=10 mm
	12	01	
	15	02	
	17	03	
20～480（22、28、32除外）		公称内径除以5的商数，商数为一位时在商数左边加"0"，如08	调心滚子轴承 23208 d=40 mm
≥500，以及22、28、32		用公称内径毫米数直接表示，与尺寸系列代号之间用"/"分开	调心滚子轴承 230/500 d=500 mm 深沟球轴承 62/22 d=22 mm

2. 滚动轴承的选用

滚动轴承是标准化零部件，种类繁多、特性各异，在了解各类轴承应用特点的基础上，选用时还应考虑以下一些因素，见表2-13。

表 2-13 滚动轴承的选用

选用考虑的因素			选用轴承
载荷	大小	小而平稳	球轴承
		大而有冲击	滚子轴承
	方向	只承受 A	推力轴承
		只承受 R	向心球或短圆柱轴承
	性质	$A \leqslant R$	向心球轴承
		$A < R$	向心推力球轴承或圆锥滚子轴承
		$A > R$	大 β 的向心推力球轴承或大锥角的圆锥滚子轴承
		$A \geqslant R$	推力轴承和向心轴承组合使用
轴承的转速		高速	球轴承
		变速且 A 较大（或纯 A）	角接触球轴承
特殊要求		R 大且径向尺寸受限制	滚针轴承
		跨距或同轴度要求高	成对使用向心球面球轴承或向心球面滚子轴承
经济性		结构	球轴承
		精度等级	普通级

3. 滚动轴承的拆卸

滚动轴承的拆卸方法与其结构有关。对于拆卸后还要重复使用的轴承，拆卸时不能损坏其配合表面，也不能将拆卸时所施加的作用力加在滚动体上。滚动轴承常用的拆卸方法及拆卸工具如图 2-14 所示，图 2-15 所示为不正确的拆卸方法。

对于圆柱滚子轴承的拆卸，可以用压力机将轴承压出，如图 2-16 所示。也可采用顶拔器拉出的方法，如图 2-17 所示。

（a） （b）

图 2-14 滚动轴承常用的拆卸方法及拆卸工具
（a）拆卸方法；（b）拆卸工具

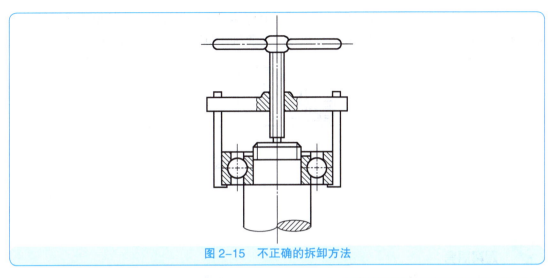

图 2-15 不正确的拆卸方法

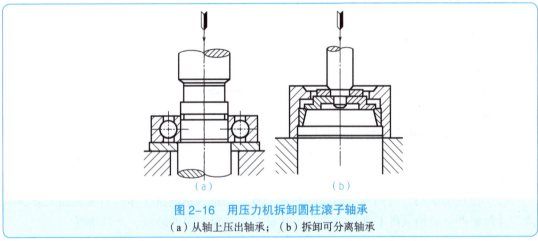

图 2-16 用压力机拆卸圆柱滚子轴承
(a) 从轴上压出轴承；(b) 拆卸可分离轴承

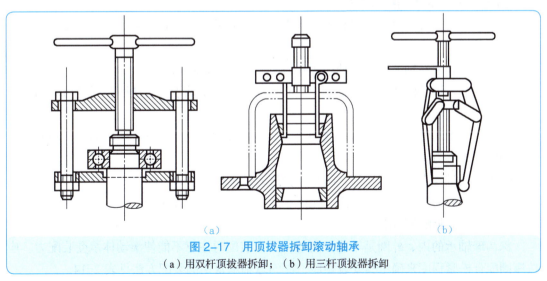

图 2-17 用顶拔器拆卸滚动轴承
(a) 用双杆顶拔器拆卸；(b) 用三杆顶拔器拆卸

圆锥滚子轴承可直接装在锥形轴颈上或装在紧定套上，拆卸时，先拧松锁紧螺母，然后用软金属棒和锤子，向锁紧螺母方向敲击，可将轴承拆下，如图2-18所示。

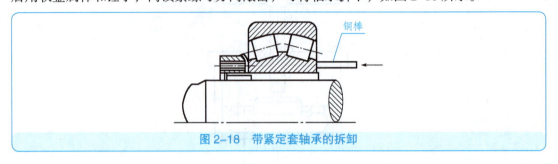

图 2-18　带紧定套轴承的拆卸

  观察思考
滚动轴承与滑动轴承在应用性能上主要区别在哪里？

4. 滚动轴承的装配

1）装配前的准备

滚动轴承是一种精密部件，认真做好装配前的准备工作，对保证装配质量和提高装配工作的效率都是非常重要的。

（1）按轴承的规格准备好装配所需的工具和量具。

（2）按图样要求认真检查与轴承相配合的零件，并用煤油或汽油清洗、擦拭干净后涂上润滑油。

（3）检查轴承型号与图样所标识的是否一致，并把轴承清洗干净。对于表面无防锈油涂层并包装严密的轴承可不进行清洗，尤其是对有密封装置的轴承，严禁清洗。

2）滚动轴承装配的技术要求

（1）安装滚动轴承时，应将轴承上带有标记代号的端面装在可视方向，以便于更换时进行查对。

（2）滚动轴承在轴上或装入轴承座孔后，不允许有歪斜的现象。

（3）在同一根轴的两个滚动轴承中，必须使其中一个轴承在受热膨胀时留有轴向移动的余地。

（4）装配滚动轴承时，压力（或冲击力）应直接加在待配合套圈的端面上，不允许通过滚动体传递压力。

（5）装配过程中应保持清洁，防止异物进入轴承内部。

（6）装配后的轴承应转动灵活、噪声小，工作温度不超过50 ℃。

3）深沟球轴承的装配

深沟球轴承的内、外圈是不能分离的，所以装配时注意不能使滚动体承受装配力。应按座圈配合松紧程度来确定其安装顺序，深沟球轴承常用的装配方法见表2-14。

表 2-14 深沟球轴承常用的装配方法

装配方法	图例	操作说明
压入或敲入法装配	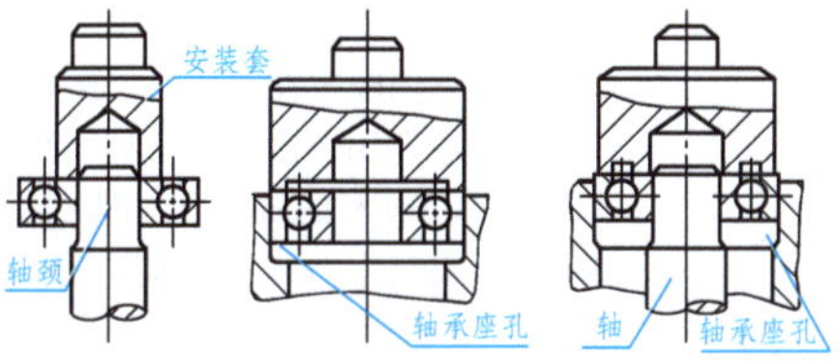 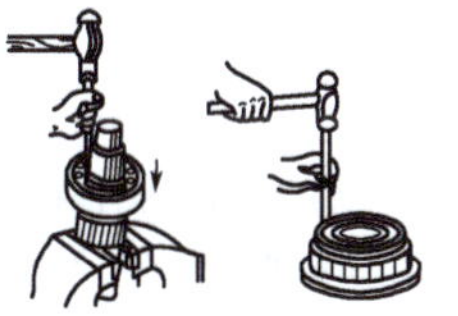	（1）采用该法装配时，为使滚动体不受装配力，需采用专用套筒来进行装配。 （2）当内圈与轴颈为过盈配合、外圈与壳体孔为间隙配合时，应先将轴承装在轴上［见左图(a)］，反之，则先将轴承压入壳体中［见左图(b)］。 （3）当轴承内圈与轴、外圈与壳体孔都是过盈配合时，应将轴承同时压入轴和壳体中［见左图(c)］。 （4）装配时，可采用手锤敲击套筒敲入轴承或用压力机压入轴承。 （5）在配合过盈量较小或没有专用套筒的情况下，也可用锤子和圆铜棒逐步将轴承均匀敲入［见左图(d)］
温差装配法	 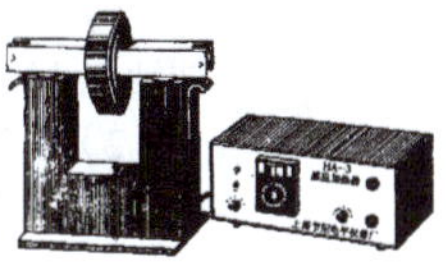	（1）加热法。采用将轴承加热，使内圈胀大的方法。加热时，温度控制在 80～100 ℃，加热后取出轴承，用比轴颈尺寸大 0.05 mm 左右的测量棒测量轴承孔径，如尺寸合适应迅速将轴承推入轴颈。 （2）冷冻法。将轴承放置在工业冰箱或冷却介质中冷却，取出轴承后，立即测量轴承外径缩小量，尺寸合适，立即进行装配
液压套合法	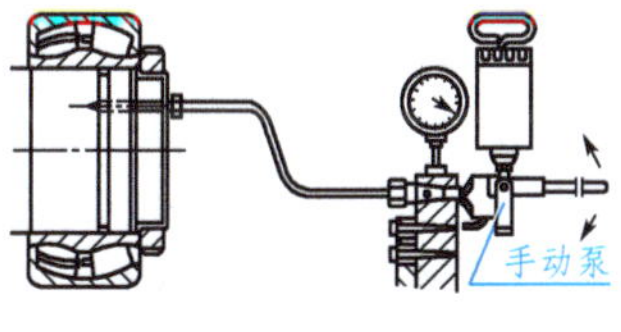	（1）适用于轴承尺寸和过盈量较大，又需要经常拆装的场合，也用于可敲击的精密轴承装配。 （2）装锥孔轴承时，由手动泵产生的高压油进入轴端，经通路引入轴颈环形槽中，使轴承内孔胀大，再利用轴端螺母旋紧，将轴承装入

4）圆锥滚子轴承的装配

圆锥滚子轴承的内、外圈可以分离。装配时，可分别将内圈装到轴上，外圈装入壳体内。当用锤击法装配时，要将轴承放正放平，对准后，左右对称轻轻敲击，待内圈或外圈装入 1/3 以上时才可逐渐加大敲击力。如果放得不正或不平时就用力锤击，将会损伤轴颈或壳体孔壁，影响装配质量。圆锥滚子轴承的装配见表 2-15。

表 2-15　圆锥滚子轴承的装配

步骤	图例	操作方法
内圈装配	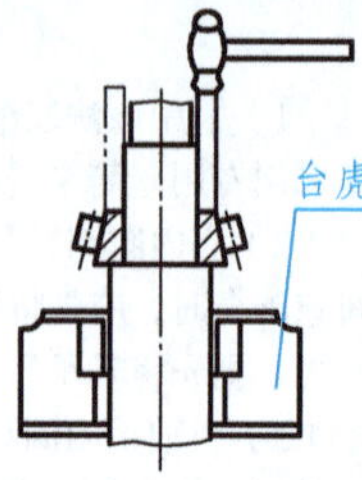 （台虎钳）	将轴承内圈装在轴颈上、放平摆正，用垫棒、锤子（或专用套筒）从四周对称地交替轻敲，内圈轻轻敲入轴颈。当内圈装入 1/3 以上时，可以加大敲击力，直至内圈装配到位
外圈装配	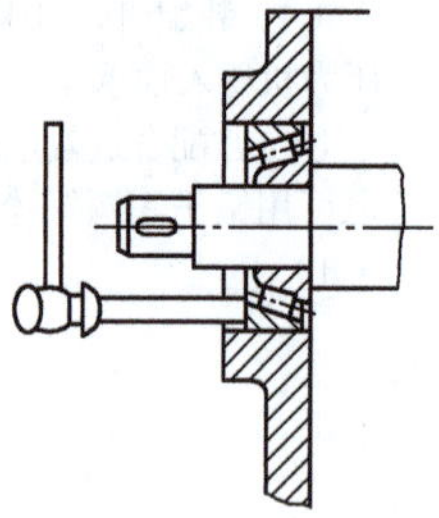	将装好内圈的轴装入轴承孔中，再将轴承外圈从轴承孔座的另一端装入孔中，使之与内圈配合。装配方法与内圈相同。但应注意，当外圈与内圈靠近时，要将轴适量提起，对正轴心
调整轴承间隙（四种形式）	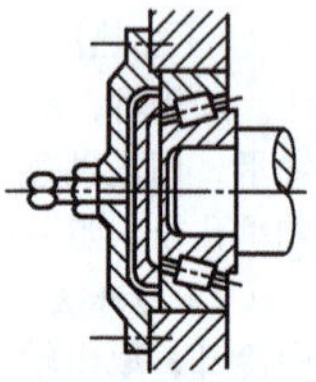	（1）不装垫圈，用螺钉均匀地拧紧轴承盖，使轴承的间隙为零，用塞尺测出缝隙 k 的大小。 （2）选配比 k 值稍薄的垫圈装入，再将螺钉均匀地拧紧
	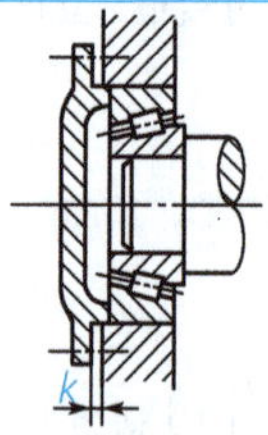	（1）松开锁紧螺母，并拧紧螺钉顶紧盖板，使轴承间隙正好消除。 （2）根据所需间隙的大小，将螺钉旋松一些，再锁紧螺母
	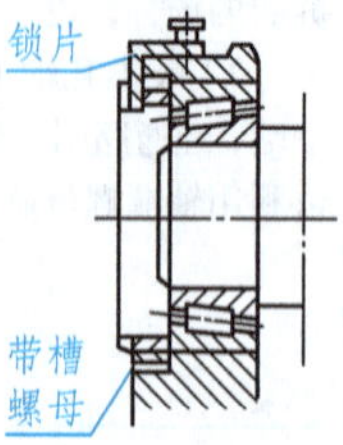 （锁片、带槽螺母）	（1）先将带槽螺母拧紧，消除间隙后，再旋松少许，使轴承保持一定的间隙。 （2）将锁紧片嵌入螺母槽中，用螺钉固定防松
	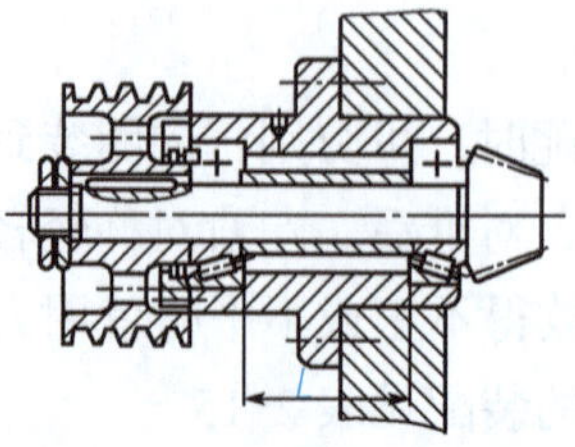	（1）用稍大于安装长度的内隔圈（大约 1 mm）一只，用百分表测出齿轮轴的轴向窜动值。 （2）经车削或磨削去掉内隔圈端面的一定长度（比轴向窜动值少 0.05～0.10 mm），再经试配并逐步调整后使轴承间隙保持所需间隙

5）推力球轴承装配简介

推力球轴承只承受轴向负荷，不能保证支承轴的径向位置，起消除轴向窜动并减少端面摩擦的作用。装配时，要注意区分紧圈和松圈，紧圈的内孔比松圈小，且加工精度高，必须将紧圈与轴肩靠近，保证与轴一起旋转，松圈则紧靠在轴承座孔的端面上。如果装反，将使紧圈与轴或轴承座孔端产生剧烈摩擦，造成轴、孔端面和轴承迅速磨损。图 2-19 所示为两种推力球轴承的装配形式，其中图（a）所示为装有单向轴向负荷的组件，它只能承受来自箭头方向的轴向力。图（b）所示为装有双向轴向负荷的组件，它能承受两个方向的轴向力。该组件为车床丝杠支承结构，当丝杠做正反方向旋转时，开合螺母即对丝杠产生两个方向的轴向力，由一对推力球轴承将力传至支承座，再由箱体承受。装配时，必须注意应将两个松圈紧靠在支承座的两侧端面，而两个紧圈则安装在外，与连接丝杠的轴相接触，和轴一起旋转。

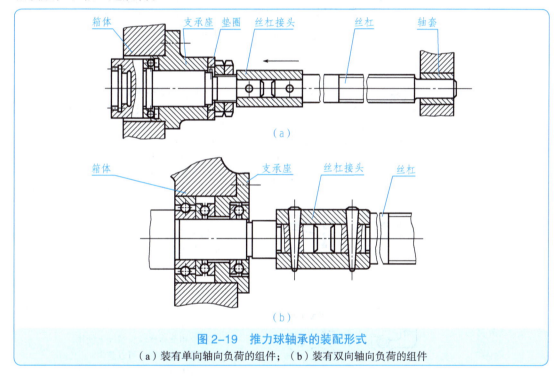

图 2-19 推力球轴承的装配形式
（a）装有单向轴向负荷的组件；（b）装有双向轴向负荷的组件

5. 常用密封件的选用常识

密封的作用是防止润滑剂外流，以及灰尘、水分的侵入，密封类型有静密封和动密封两种。

静密封主要用于零部件及管路的端面密封，安装简便、密封可靠。密封件多为纸质、塑料及金属薄片制成的垫片或各类橡胶密封圈，装配中通过对密封件的挤压来实现密封，也可使用密封胶来进行密封。

动密封主要用于各类有润滑介质的箱体类部件或各类泵、阀外伸轴与端盖孔的密封。动密封常用密封件类型、特点及应用见表 2-16。

表 2-16 动密封常用密封件类型、特点及应用

类型	形式	简图	特点及应用
橡胶密封圈	O 形	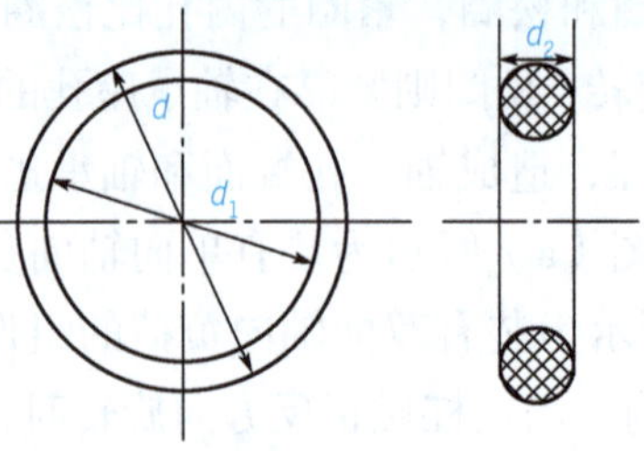	适用面广、安装简便，在规定的温度、压力以及不同的液体和气体介质中，可在静止或运动状态下，起密封作用
	Y 形	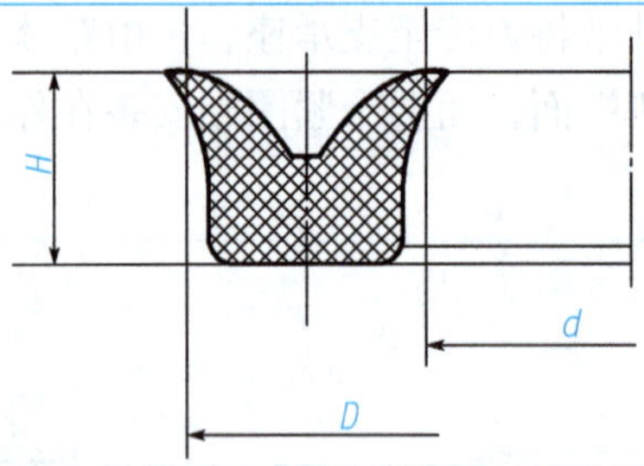	适用条件： 压力 ≤ 20 MPa 温度：-30 ~ +80 ℃ 介质：矿物油
	V 形夹织物	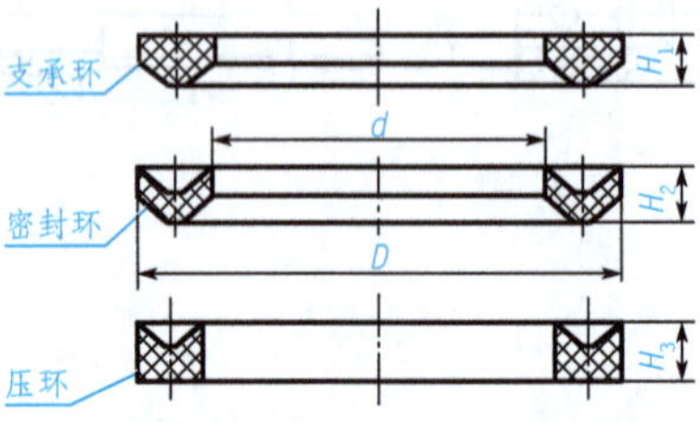	由多层涂胶夹织物制成，由支承环、密封环和压环三种零件组成，其中密封环的数量由压力值而定。 适用条件： 压力 ≤ 500 kg/cm^2； 温度 -40 ~ 80 ℃ 介质：液压油
油封	普通型	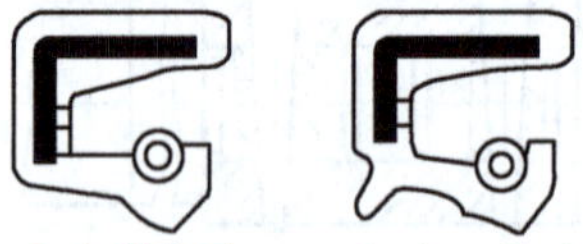 （a）单唇型　（b）双唇型	多用于低速。 适宜在灰尘和杂质比较少的情况下使用。 双唇型带防尘唇，可以防尘
	外骨架型	 （a）单唇型　（b）双唇型	带弹簧外露骨架式橡胶油封，腰部细，追随性好，不分高低速。 在灰尘和杂质比较少情况下使用。 双唇型带防尘唇，可以防尘。 耐介质压力 < 0.5 kg/cm^2 的场合
	装配式	 （a）单唇型　（b）双唇型	装配式外骨架油封，具有安装精度高、散热快、重负荷特性。 适用于高温高速条件下的重负荷工作，双唇型可在有尘条件下工作
	耐压型		唇部短、腰短粗，具有耐压能力。 适用于高压泵的轴端油封

五、联轴器、离合器的拆装

1. 几种常用联轴器的结构

1）凸缘联轴器

凸缘联轴器利用螺栓连接两半联轴器的凸缘，以实现两轴的连接，是刚性联轴器中应用最广的一种联轴器。如图2-20（a）所示为其基本的结构形式，把两个带有凸缘（俗称法兰）的半联轴器用键分别与两轴连接，然后用螺栓把两个半联轴器连接成一体，以传递转矩和运动。凸缘联轴器要求严格对中，其对中方法有两种：一是在两半联轴器上分别制造出凸肩和凹槽，互相配合而实现对中；二是两半联轴器用剖分环配合而实现对中，如图2-20（b）所示。凸肩凹槽配合的联轴器对中性好，但拆装时必须先做轴向移动后，才能做径向位移；剖分环配合的联轴器则可直接做径向位移进行拆装，但由于采用剖分环，其对中性不及前者。

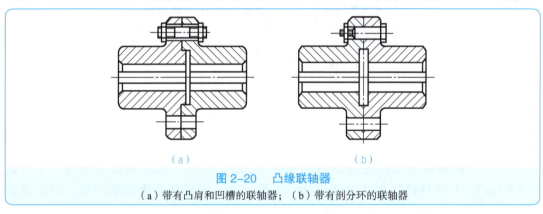

图2-20　凸缘联轴器
（a）带有凸肩和凹槽的联轴器；（b）带有剖分环的联轴器

凸缘联轴器结构简单、维护方便，能传递较大的转矩，但对两轴之间的相对位移不能补偿，因此对两轴的对中性要求很高。当两轴之间有位移或偏斜存在时，就会在机件内引起附加载荷和严重磨损，严重影响轴和轴承的正常工作。此外，在传递载荷时不能缓和冲击和吸收振动。凸缘联轴器广泛用于低速、大转矩、载荷平稳、短而刚性好的轴的连接。

2）套筒联轴器

套筒联轴器通过公用套筒以某种方式连接两轴，如图2-21所示。公用套筒与两轴连接的方式常采用

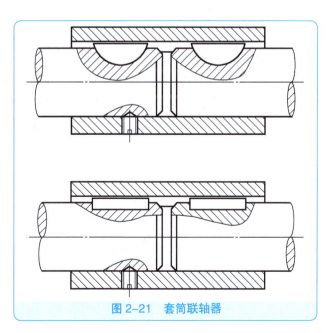

图2-21　套筒联轴器

键连接或销连接。套筒联轴器属刚性联轴器，结构简单、径向尺寸小，拆装时一根轴需做轴向移动。常用于两轴直径较小、两轴对中性精度高、工作平稳的场合。

3）鼓形齿联轴器（齿式联轴器）

鼓形齿联轴器通过内外齿啮合，实现两半联轴器的连接，如图 2-22 所示。鼓形齿联轴器属无弹性元件挠性联轴器，由两个带有外齿的凸缘内套筒和两个带有内齿的外套筒组成。两内套筒分别用键与两轴连接，两外套筒用螺栓连接，通过内、外齿的啮合传递转矩和运动。外齿的齿顶部分呈鼓状，使啮合时具有适当的间隙。当两轴传动中产生轴向、径向和偏角等位移时，可以得到补偿。注油孔用于注入润滑油，以减少磨损；联轴器两端装有密封圈，以防止润滑油泄漏。

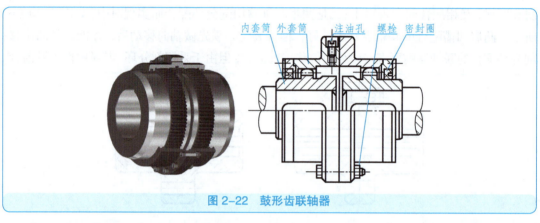

图 2-22 鼓形齿联轴器

鼓形齿联轴器的优点是转速高（可达 3 500 r/min），能传递很大的转矩（可达 10^6 N·m），并能补偿较大的综合位移，工作可靠，对安装精度要求不高。其缺点是质量大、制造较困难、成本高，因此多用在重型机械中。

4）滑块联轴器

滑块联轴器通过滑块在两半联轴器端面的径向槽内滑动，实现两半联轴器的连接。如图 2-23 和图 2-24 所示，其中十字滑块联轴器，由左套筒、右套筒和十字滑块组成。左、右套筒用键分别与两轴连接。十字滑块两端面带有互相垂直的凸肩，分别嵌入左、右套筒端面相应的凹槽中，将两轴连接为一体。如果两轴的轴线不重合，回转时十字滑块的凸肩将沿套筒的凹槽滑动，从而实现对两轴相对位移的补偿。

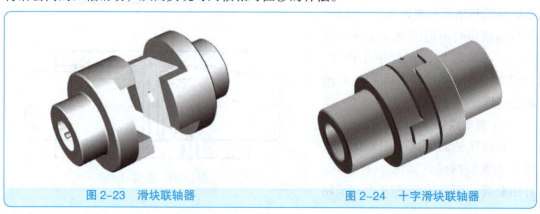

图 2-23 滑块联轴器　　　　　　图 2-24 十字滑块联轴器

十字滑块联轴器属无弹性元件挠性联轴器，结构简单、径向尺寸小，但耐冲击性差、易磨损。在转速较高时，由于十字滑块的偏心（补偿两轴相对位移）将会产生较大的离心惯性力，而给轴和轴承带来附加载荷。因此，滑块联轴器适用于刚性大、转速低、冲击小的场合。

5) 万向联轴器

万向联轴器允许在较大角位移时传递转矩，属无弹性元件挠性联轴器。图 2-25 所示为一种应用广泛的万向联轴器——十字轴式万向联轴器。它通过十字轴式中间件实现轴线相交的两轴连接，由两个具有叉状端部的万向接头和一个十字轴组成。两轴与两个万向接头用销连接，通过中间件十字轴传递转矩。

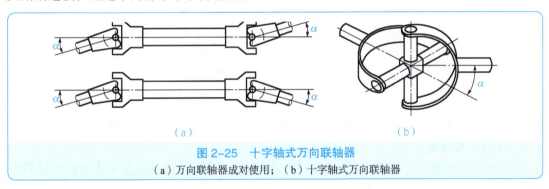

图 2-25 十字轴式万向联轴器
(a) 万向联轴器成对使用；(b) 十字轴式万向联轴器

万向联轴器主要用于两轴相交的传动。两轴的交角可达 35°～45°。用万向联轴器连接的两相交轴，主动轴回转一周，从动轴也回转一周，但两轴的瞬时角速度是不相等的，也就是说主动轴以等角速度回转时，从动轴做变角速度回转。两轴交角越大，从动轴的角速度变化越大。由于从动轴回转时角速度的变化，会产生附加动载荷而不利于运动，因此常将万向联轴器成对使用。

6) 弹性套柱销联轴器和弹性柱销联轴器

弹性套柱销联轴器将一端带有弹性套的柱销装在两半联轴器凸缘孔中，而实现两半联轴器的连接。如图 2-26 所示，它的结构与凸缘联轴器相似，只是两个半联轴器的连接不是用螺栓，而是用柱销，每个柱销上装有几个橡胶圈或皮革圈，利用圈的弹性补偿两轴的相对位移并缓和冲击、吸收振动。弹性套柱销联轴器通常应用于传递小转矩、高转速、启动频繁和回转方向需经常改变的机械设备中。

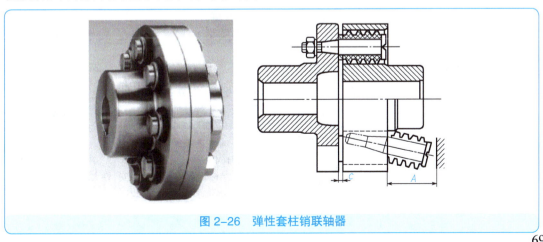

图 2-26 弹性套柱销联轴器

弹性柱销联轴器将若干非金属材料制成的柱销,置于两半联轴器凸缘孔中,从而实现两半联轴器的连接,如图2-27所示。柱销材料常用尼龙,其他具有弹性的非金属材料也可应用,如酚醛、榆木、胡桃木等。弹性柱销联轴器可允许较大的轴向窜动,但径向位移和偏角位移的补偿量不大。其具有结构简单、制造容易和维护方便等优点,一般多用于轻载的场合。

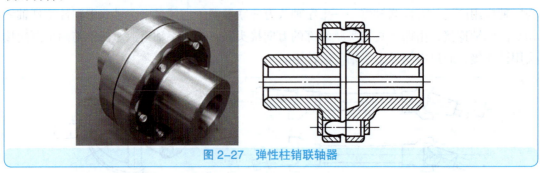

图 2-27　弹性柱销联轴器

弹性套柱销联轴器和弹性柱销联轴器均属于非金属弹性元件弹性联轴器。

7)安全联轴器

安全联轴器即具有过载安全保护功能的联轴器。当机器过载或受冲击时,联轴器中的连接件自动断开,中断两轴的联系,从而避免机器重要零部件受到损坏。安全联轴器分为钢棒式、摩擦片式和永磁式三种。图2-28所示为常用的钢棒式安全联轴器。钢棒(销)用作凸缘联轴器或套筒联轴器的连接件,其直径根据传递极限转矩时所受剪力确定,即当传动转矩超过极限数值时,钢棒被剪断。为了改善或加强剪切效果,在钢棒预定剪断处,通常切有环槽或在钢棒外面安装钢套,以免损伤联轴器的其他零件。由于钢棒更换不便,因此,钢棒安全联轴器主要用于偶然性过载的机器设备中。

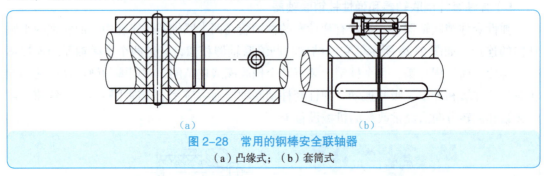

图 2-28　常用的钢棒安全联轴器
(a)凸缘式;(b)套筒式

常用联轴器的类型、结构及应用特点见表2-17。

表 2-17　常见联轴器的类型、结构及应用特点

类型	结构	应用特点	应用场合
固定(凸缘)式联轴器	(1)两个带有凸缘的半联轴器。 (2)连接螺栓。 (3)联轴器与轴间用键连接	(1)两半联轴器靠凹槽凸肩或剖分环对中。 (2)结构简单、转矩大,但安装精度要求高,无缓冲补偿能力	用于低速、短而刚性大的轴

续表

类型		结构	应用特点	应用场合
可移式联轴器	刚性可移式（元件的相对运动补偿）	齿轮式联轴器：内、外齿轮，外齿轮齿顶做成球面，啮合留很大间隙	（1）可调节轴向、径向角度偏差及综合偏差。（2）转速高、转矩大，但重量大、成本高	用在安装误差较大或刚性较差、扭矩很大的场合
		十字滑块联轴器：左、右两个套筒及浮动安装的中间盘	结构简单、径向尺寸小，但转速高时中间盘的偏心会产生较大的离心惯性力，易磨损	用于低速、冲击小的场合
	弹性可移式（弹性元件的变形补偿）	弹性套柱销联轴器：两个带凸缘的半联轴器、弹性圈、柱销	能补偿小偏移，能缓冲、吸振，不需润滑，但寿命低，加工要求高	用于正反转、启动频繁的小转矩高速轴
		弹性柱销式联轴器：两个半联轴器、尼龙柱销	结构简单、拆装方便，有缓冲吸振作用	同弹性圆柱销联轴器
安全联轴器		结构同凸缘联轴器（常用剪销式）	在过载或受冲击时，销被剪断，联轴器断开，保护薄弱环节	用于偶然性过载的机器上
万向联轴器		两个叉状的万向接头，一个十字销	两轴可有偏角35°～45°，且交角越大，从动轴速度变化越大，引附加动载荷越大，必须成对使用	用于两轴大倾角传动的场合

观察思考

联轴器在轴的连接中作用是什么？

2. 联轴器的装配

联轴器种类较多，其结构各不相同，其装配的技术要求可总结为以下两点：

（1）应严格保证两轴的同轴度，否则在传动过程中容易造成联轴器、轴的变形或损坏。因此，装配时应检查联轴器的跳动量和同轴度误差，具体要求见表2-18。

表2-18 联轴器跳动量和两轴同轴度要求

项目		弹性套柱销联轴器（按联轴器外径）/mm			十字滑块联轴器	套筒联轴器
		105～170	190～260	290～350		
半联轴器跳动/mm	径向	0.07	0.08	0.09		
	端面	0.16	0.18	0.20		
两轴同轴度	轴线偏移/mm	0.14	0.16	0.18	$0.04d$（d为轴径）	0.02～0.05
	轴线倾斜/(′)		40		30	

（2）装配时，应保证连接件（螺栓、螺母、键、圆柱或圆锥销）有可靠、牢固的连接，不允许有松脱现象。

根据联轴器类型的不同，主要介绍以下两种类型联轴器的装配方法。

1）凸缘联轴器的装配

凸缘联轴器在装配时，主要应保证两轴间的同轴度。图 2-29 所示为用凸缘联轴器连接电动机和齿轮箱，其装配步骤如下：

（1）分别在电动机和齿轮箱轴上装凸肩圆盘和凹台圆盘，并将齿轮箱找正后固定。

（2）将百分表固定在凸肩圆盘上，找正凹台圆盘，保证两圆盘的同轴度。若两圆盘高低相差较多，可在电动机或齿轮箱底面垫入适当厚度的垫片进行调整。

（3）移动电动机，使凸肩圆盘的凸肩插入凹台圆盘的凹台少许。

（4）转动齿轮箱轴，检查两圆盘端面的间隙 z，如果间隙均匀，再移动电动机，使两圆盘端面完全接触，最后固定两圆盘和电动机。

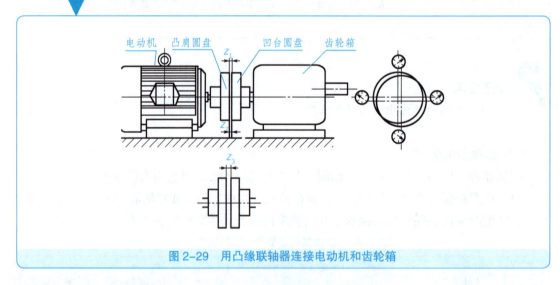

图 2-29　用凸缘联轴器连接电动机和齿轮箱

2）滑块联轴器的装配

如图 2-30 所示，联轴器由两个带直槽的圆盘和一个两端制成互相垂直凸台的滑块所组成。当两端所连接的轴传动时，中间滑块可在圆盘直槽中稍做滑动，来弥补两轴的径向偏差。这种联轴器装配时的测量和调整方法与凸缘联轴器基本相同。测量时先不装中间滑块，而将两圆盘调整好后，分开两轴，将中间滑块嵌入后，再将两轴靠拢并固定。

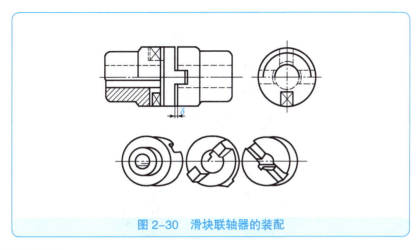

图 2-30 滑块联轴器的装配

3. 离合器概述

离合器是主、从动部分在同轴线上传递动力或运动时，具有接合或分离功能的装置。与联轴器的作用一样，离合器可用来连接两轴，但不同的是离合器可根据工作需要，在机器运转过程中随时将两轴接合或分离。

按控制方式不同，离合器可分成操纵离合器和自控离合器两大类。必须通过操纵接合元件才具有接合或分离功能的离合器称为操纵离合器。按操纵方式不同，操纵离合器又可分为机械离合器、电磁离合器、液压离合器和气压离合器四种。自控离合器是指在主动部分或从动部分某些性能参数变化时，接合元件具有自行接合或分离功能的离合器。自控离合器分为超越离合器、离心离合器和安全离合器三种。

在机械机构直接作用下具有离合功能的离合器称为机械离合器。机械离合器有嵌合式和摩擦式两种类型。

观察思考

摩托车、汽车有挂挡和不挂挡两种，其工作原理是什么？

4. 几种常用的机械离合器

1）牙嵌离合器

牙嵌离合器是用爪牙状零件组成嵌合副的离合器。图 2-31 所示的牙嵌离合器，是由端面上制有凸牙的套筒组成的。固定套筒固定在主动轴 I 上，滑动套筒用导向平键（或花键）与从动轴 II 相连接，并可由操纵杆通过滑环使其轴向移动，以实现离合器主、从动部分的接合或分离。为了使两个套筒对中，主动轴 I 的固定套筒上安装有对中环，从动轴 II 在对中环中可自由转动。牙嵌离合器通过凸牙的啮合来传递转矩和运动。牙嵌离合器常用的凸牙形状（沿圆周展开）如图 2-32 所示。其中，正梯形凸牙强度高，易于接合，能传递较大的转矩并自动补偿凸牙的磨损与间隙，应用较广；锯齿形凸牙只能传递单向转矩。

牙嵌离合器结构简单、外廓尺寸小，两轴接合后不会发生相对移动，但接合时有冲击，只能在低速或停车时接合，否则凸牙容易损坏。

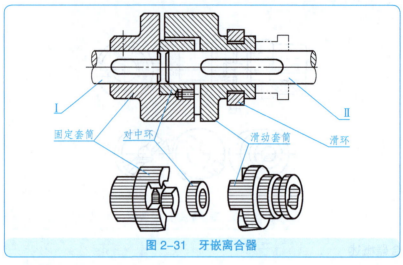

图 2-31 牙嵌离合器

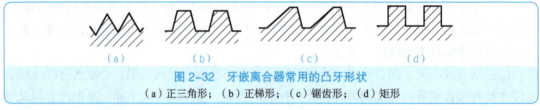

图 2-32 牙嵌离合器常用的凸牙形状
（a）正三角形；（b）正梯形；（c）锯齿形；（d）矩形

2）齿形离合器

齿形离合器是用内齿和外齿组成嵌合副的离合器，如图 2-33 所示，多用于机床变速箱内。

3）片式离合器

片式离合器又称盘式离合器，是用圆环片的端平面组成摩擦副的离合器。如图 2-34 所示，离合器主要由两个圆盘组成。圆盘固定在主动轴上，圆盘用导向平键（或花键）与从动轴连接，并可以在轴上做轴向移动。

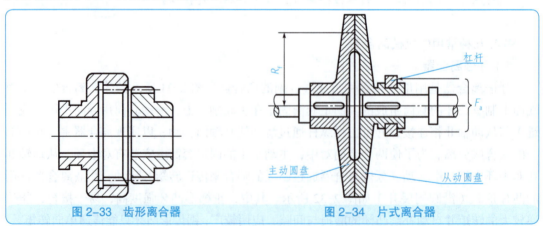

图 2-33 齿形离合器　　图 2-34 片式离合器

片式离合器需要较大的轴向力，传递的转矩较小，但在任何转速条件下，两轴均可以分离或接合，且接合平稳、冲击和振动小，过载时两摩擦面之间打滑，起保护作用。为了提高离合器传递转矩的能力,通常采用多片离合器。

图2-35(a)所示为多片离合器的结构。外毂轮和内套筒分别用平键与主动轴和从动轴连接。离合器有两组摩擦片,一组为外摩擦片,其形状如图2-35(b)所示。外摩擦片外缘上有3个凸齿,与外毂轮内孔的3条轴向凹槽相配合,其内孔则不与任何零件接触。外摩擦片随主动轴一起回转。另一组为内摩擦片,其形状如图2-35(c)所示。内摩擦片内孔壁上有3个凹槽(也可制成凸齿),与内套筒外缘上3个轴向凸齿(也可制成凹槽)相配合,而其外缘则不与任何零件相接触。内摩擦片随从动轴一起回转。内、外摩擦片相间安装,两组摩擦片均可沿轴向移动。内套筒的外缘上与凸齿相间另开有3个轴向凹槽,槽中装有可绕销轴转动的角形杠杆,当滑环向左移动时,角形杠杆通过压板将两组摩擦片压向调节螺母,离合器处于接合状态,靠两组摩擦片间的摩擦力传递转矩和运动。调节螺母用以调节摩擦片之间的压力。当滑环向右移动时,弹簧片顶起角形杠杆,使两组摩擦片松开,主动轴与从动轴间的传动被分离。内摩擦片也可以制成碟形摩擦片,如图2-35(d)所示,在承压时被压平而与外摩擦片贴合,松开时由于弹性变形(弹力)的作用,碟形摩擦片可迅速与外摩擦片分离。

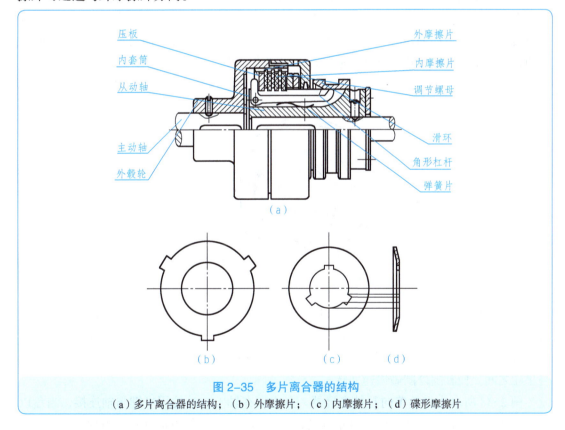

图2-35 多片离合器的结构
(a)多片离合器的结构;(b)外摩擦片;(c)内摩擦片;(d)碟形摩擦片

摩擦式离合器的操纵方式还有电磁、液压、气压等,由此而形成的离合器结构各有不同,但其主体部分的工作原理是相同的。图2-36所示为一种电磁操纵的摩擦式离合器,是利用电磁力来操纵摩擦片的接合与分离的。当电磁绕组通电时,电磁力使电枢顶杆压紧摩擦片组,离合器处于接合状态;当电磁绕组不通电时,电枢顶杆放松摩擦片组,离合器处于分离状态。

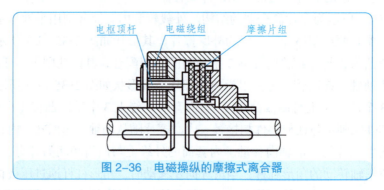

图 2-36 电磁操纵的摩擦式离合器

4）超越离合器

超越离合器是通过主、从动部分的速度变化或旋转方向的变化，而具有离合功能的。超越离合器属于自控离合器，有单向和双向之分。

图 2-37 所示为滚柱式单向超越离合器，由星轮、外圈、滚柱、顶杆和弹簧等组成。星轮通过平键与轴连接，外圈外轮廓通常为齿轮，空套在星轮上。在星轮的 3 个缺口内，各装有 1 个滚柱，每个滚柱被弹簧、顶杆推向由外圈与星轮的缺口所形成的楔缝中。当外圈以慢速逆时针方向回转时，滚柱在摩擦力的作用下，被楔紧在外圈与星轮之间，这时外圈通过滚柱带动星轮（轴）以慢速逆时针方向同步回转。

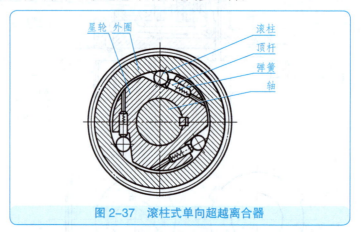

图 2-37 滚柱式单向超越离合器

在外圈以慢速逆时针方向回转的同时，若轴由另外一个运动源（如电动机）带动快速做同方向回转，此时由于星轮的回转速度高于外圈，滚柱从楔缝中松回，使外圈与星轮脱开，按各自的速度回转而互不干扰。当电动机不带动轴快速回转时，滚柱又被楔紧在外圈与星轮之间，使轴随外圈做慢速回转。

图 2-38 所示为棘轮单向超越离合器。盘空套在轴上，棘轮用平键与轴连接，当盘以一定的转速逆时针方向回转时，棘爪推动棘轮使轴同步逆时针方向回转。当轴在电动机驱动下快速逆时针方向回转时，棘爪在棘轮齿面滑过，盘仍保持原速回转。

图 2-39 所示为滚柱式双向超越离合器，星轮用平键与轴连接，当空套的外圈顺时针方向慢速回转时，摩擦力使滚柱楔紧在外圈与星轮之间，外圈通过滚柱带动星轮，使轴以

同样的转速顺时针方向回转。此时，内圈随着一起回转。当内圈在可逆电动机驱动下快速回转时，由图中可以看出，无论内圈朝哪个方向快速回转，都能通过星轮使轴快速回转，从而满足了正、反两个方向均能超越的要求。此时，滚柱从楔缝中退出，外圈仍维持原来的转速回转。

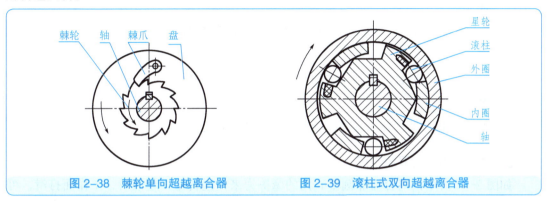

图 2-38 棘轮单向超越离合器　　图 2-39 滚柱式双向超越离合器

5. 离合器的装配

离合器的装配技术要求是：在接合和分开时运动要灵敏，能传递足够的转矩，工作要平稳。

1）牙嵌离合器的装配

如图 2-40（a）所示，离合器分为左右两部分，中间都加工成齿形，可以相互啮合。离合器的齿形如图 2-40（b）所示，有矩形齿、尖牙齿、梯形齿和锯齿形齿四种。其装配步骤如下：

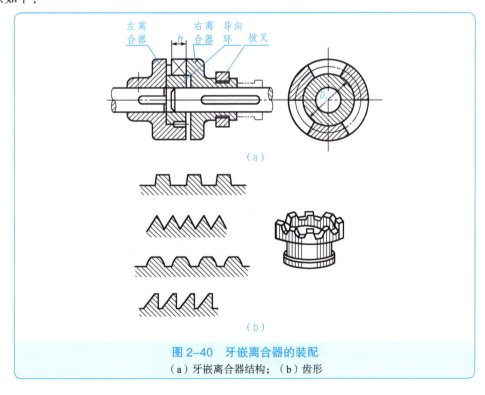

图 2-40 牙嵌离合器的装配
（a）牙嵌离合器结构；（b）齿形

（1）配制两轴端部的固定键与导向键。

（2）将左离合器装到主动轴上，并固定。

（3）将导向环装入左离合器的内孔中，用螺钉固定。

（4）将右离合器装到从动轴上，并使其在轴上滑动灵活。

（5）将从动轴装入导向环的内孔中，最后装配拨叉。

2）锥形摩擦离合器的装配

如图 2-41 所示，离合器靠圆锥表面的摩擦力来传递转矩，超载时，工作面打滑，可起安全保护作用。锥形摩擦离合器装配时要保证内、外摩擦锥体同轴，锥面要具有一定的接触面积和正确的接触部位。一般用涂色法检查，其接触面应不少于 75%。接触斑点应均匀地分布在整个圆锥表面上，如果分布在靠近锥底或靠近锥顶处，则表示锥体的角度不正确，这时必须用配研或配刮的方法进行修整。装配后，必须经过调整使得操作手柄在水平位置时，内、外摩擦锥面间能产生足够的摩擦力，以传递所需的转矩。摩擦力的大小的控制，可通过调整操纵杆左端的调整螺母来实现。

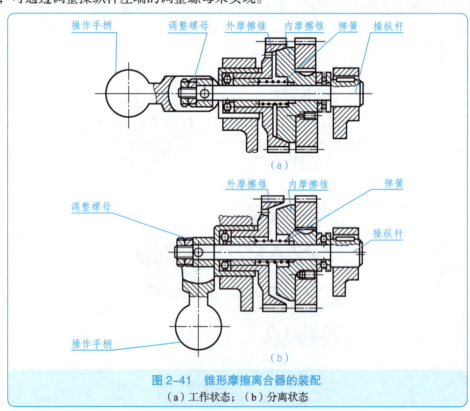

图 2-41 锥形摩擦离合器的装配
（a）工作状态；（b）分离状态

项目实施

实训前准备

（1）实训设备：四行程摩托车 2～4 辆。
（2）拆装工具：各类扳手、钳子、螺丝刀、锤子及其他专用工具。

任务一　摩托车拆卸

交流讨论

分组讨论摩托车的拆卸步骤。

1. 实训前准备

熟悉实习要求及注意事项，通过观看录像及说明书，重点了解摩托车发动机及其传动系统的正确拆卸方法。

世界上公认的第一台摩托车是戴姆勒发明的"单轨道号"摩托车。1885 年 8 月，戴姆勒和其助手将一台经过改进的奥托汽油机装在一辆两轮车上，用今天的眼光来看，这台两轮摩托车虽然非常简陋，但它具备了现代摩托车的主要特点，是现代摩托车的雏形。首辆摩托车使用的车架材料是木材，抗振性能差、振动大、零件易损坏；传动件采用的是皮绳传动，效率低、不稳定；车轮也是采用木制，抗振性能差；操纵部分十分简陋。

随着科学技术的发展，摩托车技术不断得到发展和完善。整个结构经历了从木材到钢材，从皮绳传动发展到目前的链传动，从木制车轮发展到充气轮胎，从过去的简单控制发展到集成控制，发动机从两冲程发展到四冲程，从脚踏启动发展到无触点电子点火，其传动方式从过去的直接传动发展到传动轴传动和齿轮变速传动，等等。

在现代摩托车工业中，新技术、新工艺、新材料、新设计层出不穷。例如，无触点电子点火、各种先进的配气系统、液压制动装置、铝合金压铸轮圈、无级变速器、电子防盗系统、GPS 卫星定位系统，部分摩托车还配备了性能优越的音响，等等，普遍受到摩托车爱好者的喜爱。

摩托车结构如图 2-42 所示。工程类学生通过拆装实训，能直观地认识机械原理部分学到的常用机构：曲柄连杆机构、凸轮机构、齿轮机构、棘轮机构等，以及机械设计部分学到的摩擦传动、软轴传动、链传动等在摩托车中的应用，同时对典型的箱体零件、箱盖、曲轴、连杆、壳体零件、覆盖件、车架等也有一个粗略了解，增加感性认识，可以直观地学习到这类零件的加工工艺，从而激发专业学习兴趣，勤奋钻研。

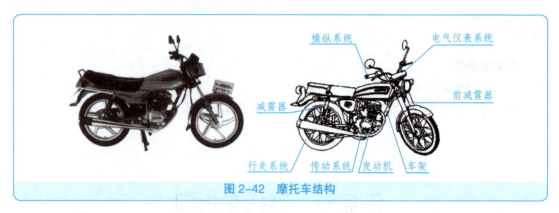

图 2-42　摩托车结构

2. 拆卸与分析

拆开发动机外壳，分析发动机内部结构及运动传递关系。

（1）分析由气缸的活塞到摩托车驱动轮之间的运动传递关系。

（2）分析摩托车发动机是如何启动的。

（3）分析发动机的配气机构是如何工作的。

（4）分析摩托车是如何实现换挡变速的。

（5）分析离合器的工作原理。

综合上述分析结果画出系统的机构运动简图。

图 2-43～图 2-56 所示分别介绍了摩托车的主要部件。

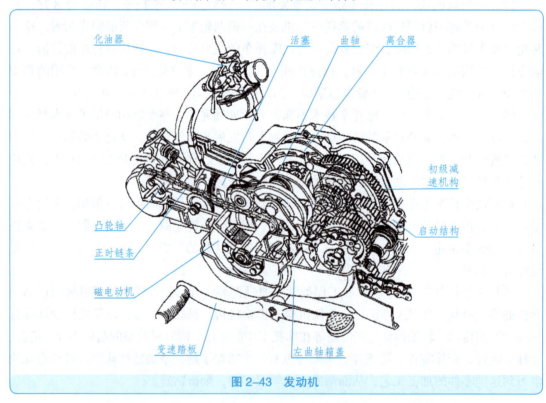

图 2-43　发动机

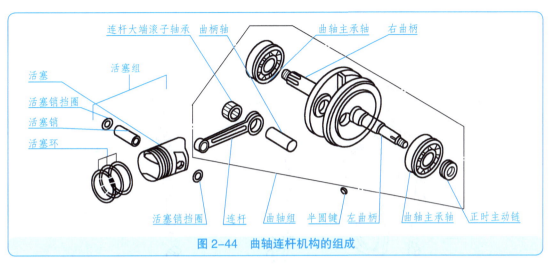

图 2-44 曲轴连杆机构的组成

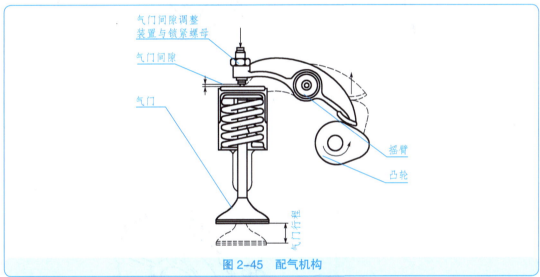

图 2-45 配气机构

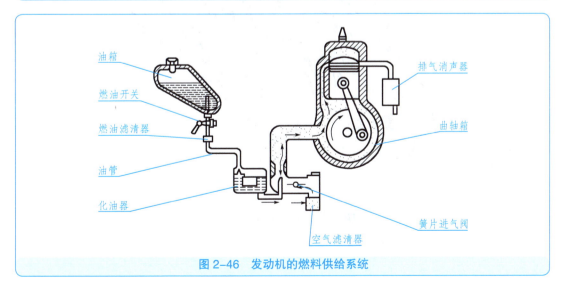

图 2-46 发动机的燃料供给系统

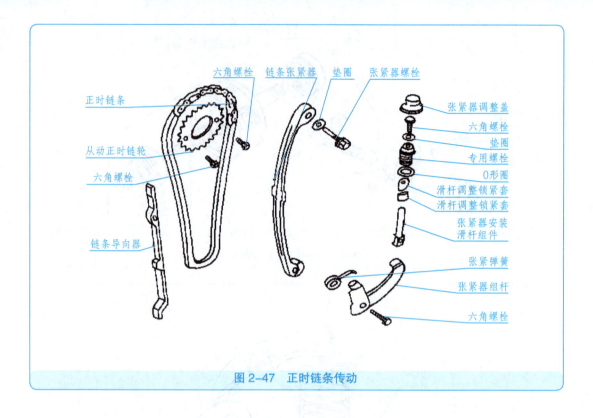

图 2-47 正时链条传动

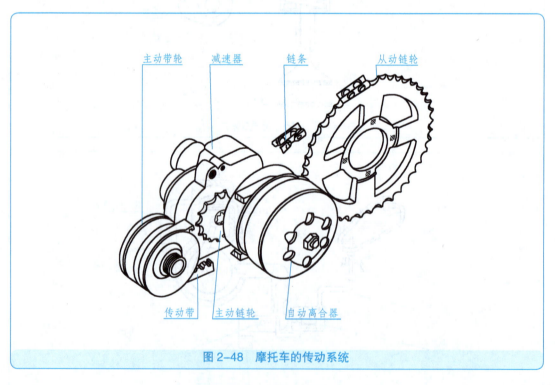

图 2-48 摩托车的传动系统

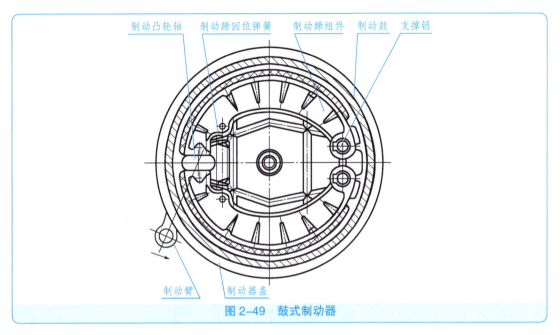

图 2-49 鼓式制动器

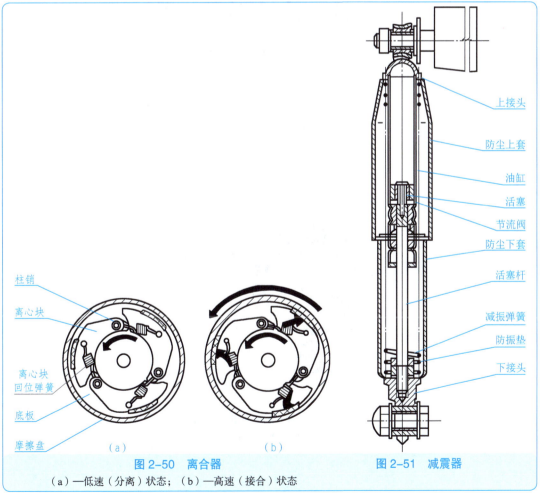

图 2-50 离合器

（a）—低速（分离）状态；（b）—高速（接合）状态

图 2-51 减震器

项目二

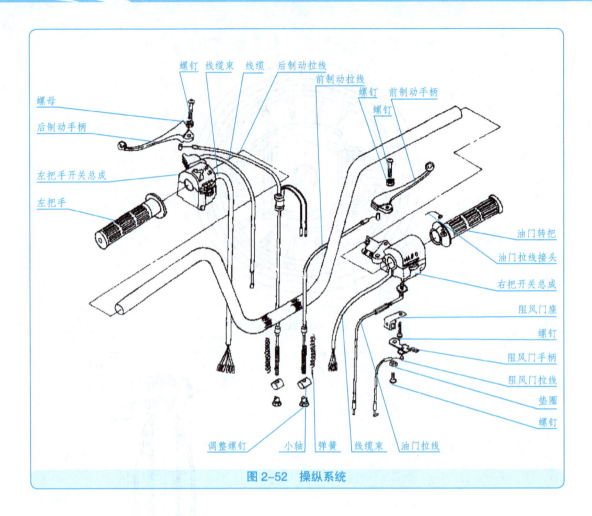

图2-52 操纵系统

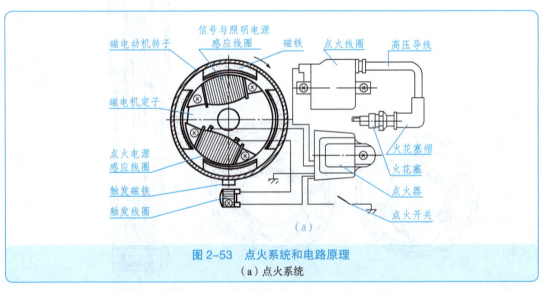

图2-53 点火系统和电路原理
（a）点火系统

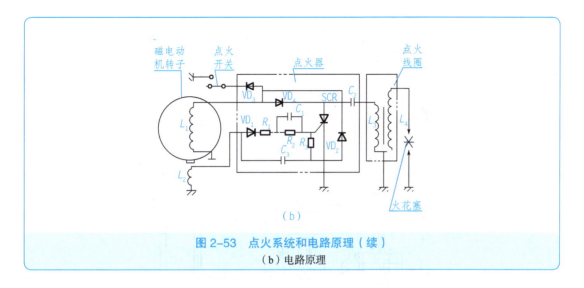

(b)

图 2-53 点火系统和电路原理（续）
（b）电路原理

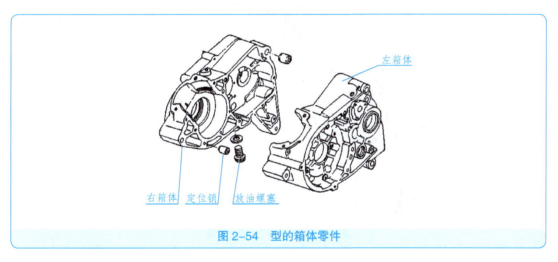

图 2-54 型的箱体零件

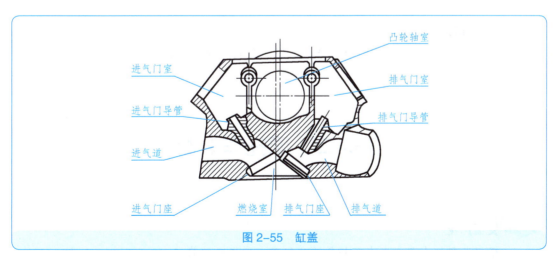

图 2-55 缸盖

项 目 二

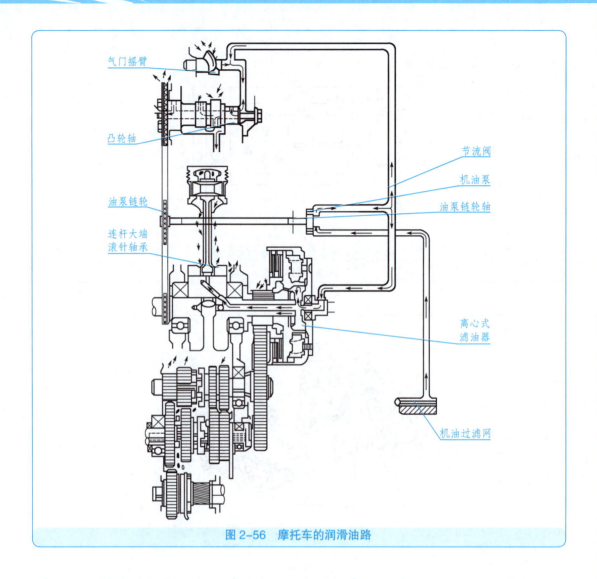

图 2-56 摩托车的润滑油路

3. 提出改进方案

可以对整个传动系统提出改进方案，也可以对局部提出改进方案。

任务二　摩托车装配

 交流讨论

根据装配技术要求在老师指导下分组完成摩托车的装配。

装配摩托车的步骤：

（1）按原样组装好发动机及其传动系统。

（2）调节发动机的配气机构。

（3）组装摩托车的换挡机构等。

（4）组装摩托车其他运动连接。

（5）组装摩托车驱动轮。

（6）组装摩托车罩壳等外部零件。

最后由指导教师验收，合格后才可离开。

项目评价

任务结束后填写摩托车拆装实训评分表，见表2-19。

表2-19　摩托车拆装实训评分表

类型	项次	项目与技术要求	配分	评定方法	实测记录	得分
过程评价40%	1	能熟练查阅相关资料	10	否则扣10分		
	2	能正确制定拆装工艺路线	10	每错一项扣2分		
	3	能正确选用相关工、量、刃具	5	每选错一样扣1分		
	4	操作熟练姿势正确	5	发现一项不正确扣2分		
	5	安全文明生产、劳动纪律执行情况	10	违者扣10分		
实训质量评价60%	1	发动机的拆卸正确	10	总体评定		
	2	发动机的装配正确	10	总体评定		
	3	配气机构的装配调试正确	10	不正确扣10分		
	4	装配后的运动连接关系正确	10	不正确扣10分		
	5	前后轮拆装后平稳性好	10	一项不正确扣5分		
	6	装配后的平衡调试效果好	10	总体评定		

项目三

平口钳拆装实训

项目导入

平口钳、台虎钳是常用的工件夹具,通过平口钳的拆卸实训:首先,让学生了解平口钳的结构和主要零部件,熟悉平口钳夹紧工件的工作原理,增强对机械零件的感性认识;其次,让学生熟悉平口钳的拆装和调整过程,主要是熟悉装配的工艺。

知识储备

一、认识平口钳

1. 观察分析平口钳实物图

平口钳又名机用虎钳,是一种通用夹具,常用于安装小型工件。它是铣床、钻床的随机附件。将其固定在机床工作台上,用来夹持工件进行切削加工。平口钳的装配结构是可拆卸的螺纹连接和销连接;活动钳身的直线运动是由螺旋运动转变的;工作表面是螺旋副、导轨副及间隙配合的轴和孔的摩擦面。平口钳组成简单、结构紧凑,如图3-1所示。

图 3-1 平口钳

2. 观察分析平口钳装配图

图 3-2 所示为平口钳装配图。分析装配图,了解平口钳基本结构和夹紧原理。

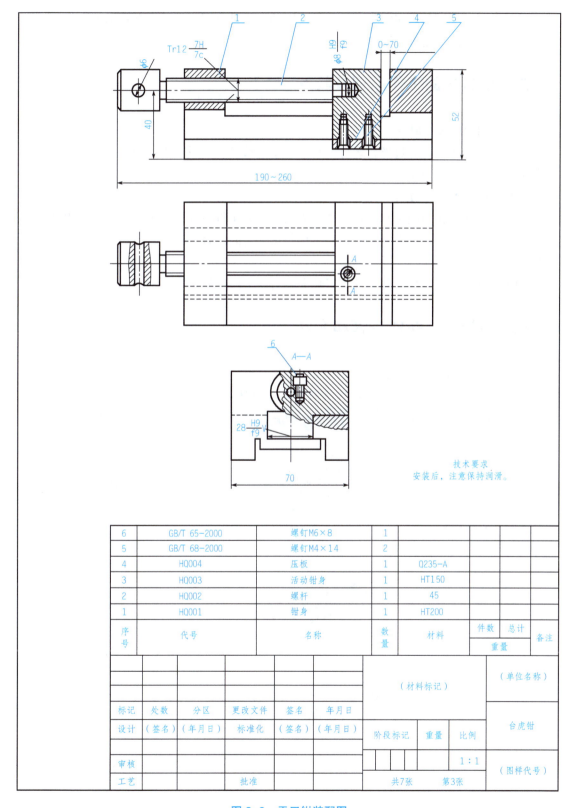

图 3-2　平口钳装配图

通过分析装配图和观察实物可见，平口钳的夹紧是靠螺杆带动滑动螺母来实现的，主要由固定钳身、活动钳身、钳口铁等组成。

二、平口钳的工作原理及特点

1. 平口钳的工作原理

用扳手转动丝杠，通过丝杠螺母带动活动钳身移动，形成对工件的夹紧与松开。被夹工件的尺寸不得超过 70 mm。

2. 平口钳的工作特点

（1）为了不使钳口损坏和保持已加工表面，夹紧工件时在钳口处垫上铜片。用手挪动垫铁以检查夹紧程度，如有松动，说明工件与垫铁之间贴合得不好，应该松开平口钳重新夹紧。

（2）刚性不足的工件需要支撑，以免夹紧力使工件变形。

三、应用平口钳的步骤和方法

应用平口钳的步骤和方法见表 3-1。

表 3-1　应用平口钳的步骤和方法

操作步骤	操作方法图示	说明
观察平口钳		了解结构
顺时针旋转扳手	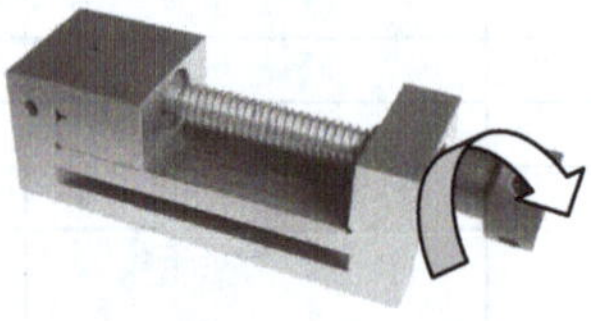	夹紧工件
逆时针旋转扳手		松开工件

温馨提示

平口钳装夹工件的注意事项如下：

（1）工件的被加工面必须高出钳口，否则就要用平行垫铁垫高工件。

（2）为了能装夹得牢固，防止加工时工件松动，必须把比较平整的平面贴紧在垫铁和钳口上。要使工件贴紧在垫铁上，应该一面夹紧，一面用手锤轻击工件的表面，光洁的平面要用铜棒进行敲击，以防止敲伤光洁表面。

四、平口钳相关技术要求

（1）固定钳身上导轨下滑面及底平面、底盘上表面和下表面的平行度误差小于 0.01 mm，表面粗糙度 $Ra < 6.3\,\mu m$，导轨两侧面平行度误差小于 0.01 mm，表面粗糙度 $Ra < 1.6\,\mu m$。

（2）活动钳身上凹面表面粗糙度 $Ra < 1.6\,\mu m$，活动钳身两侧面表面粗糙度 $Ra < 3.2\,\mu m$。

（3）两钳口装配后的间隙要求达 0.02 mm。

（4）零件和组件必须按装配图要求安装在规定的位置，各轴线之间应该有正确的相对位置。

（5）固定连接件（螺钉、螺母等）必须保证零件或组件牢固地连接在一起。

（6）活动钳身与滑板装配后滑动要轻快、无松动感。

项目实施

实训前准备

（1）实训设备：平口钳若干台。

（2）拆装工具：螺丝刀、手锤、内六角扳手等。

任务一 平口钳拆卸

 交流讨论

分组讨论平口钳的拆卸步骤。

平口钳拆卸步骤见表 3-2。

表 3-2 平口钳拆卸步骤

操作步骤	操作方法图示或说明	所用工具	自检
准备工作	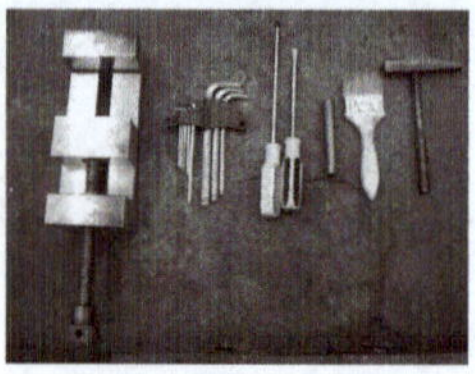		
拆卸压板	 	内六角扳手	
拆卸活动钳身	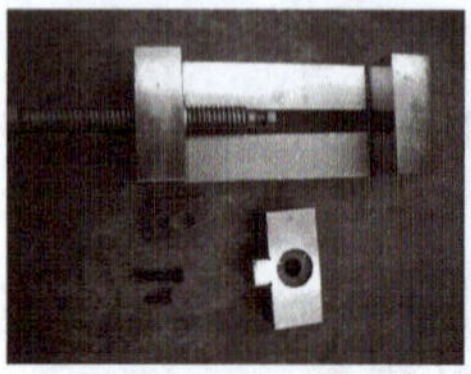 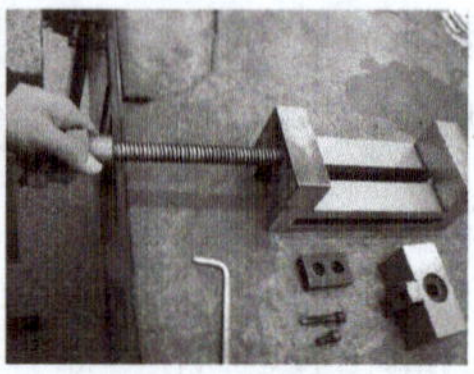		
拆卸螺杆	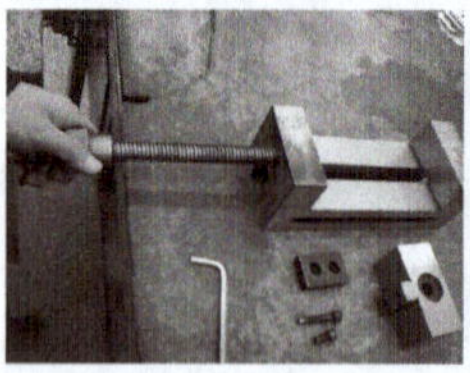 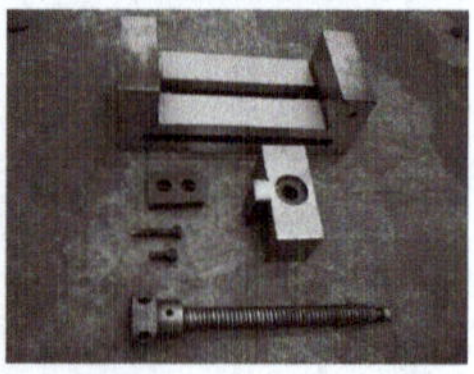		
清理	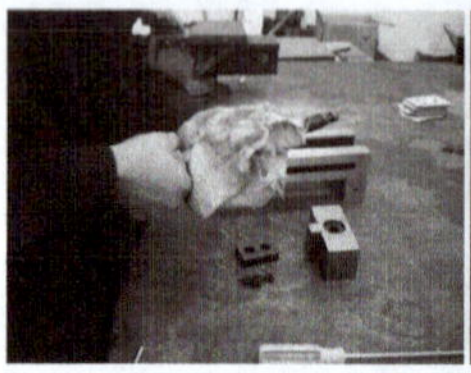 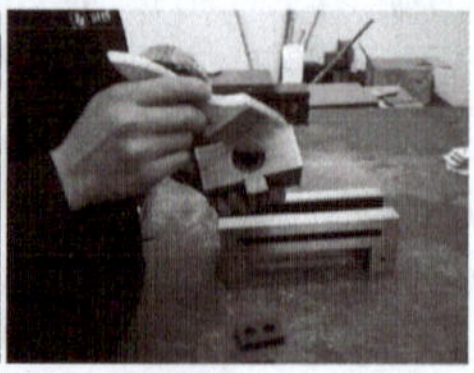	毛刷	
拆卸完成			

任务二 平口钳装配

1. 机械装配前的准备工作

（1）研究产品装配图、工艺文件及技术资料，了解产品的结构，熟悉各零件、部件的作用、相互关系和连接方法。

（2）确定装配方法，准备所需要的工具。

（3）零件的清洗与清理。

在装配过程中，零件的清洗与清理工作对提高装配质量、延长设备使用寿命具有十分重要的意义，特别是对轴承、液压元件、精密配合件、密封件和有特殊要求的零件更为重要。如果清洗和清理工作做得不好，会使轴承发热、产生噪声，并加快磨损，很快失去原有的精度；对于滑动表面，可能造成拉伤，甚至咬死；对于油路，可能造成油路阻塞，使转动配合件得不到良好的润滑，使磨损加剧，甚至损坏咬死。

2. 机械装配的顺序

在装配设备时，应按照与拆卸相反的顺序进行。装配前应先试装，达到要求后再进行装配。

3. 平口钳装配步骤

平口钳的装配步骤见表 3-3。

表 3-3 平口钳的装配步骤

操作步骤	操作方法图示或说明	自检
准备工作		
去除螺杆毛刺		

续表

操作步骤	操作方法图示或说明	自检
螺杆加润滑油		
装螺杆		
去除活动钳身毛刺		
装活动钳身		
检测装配精度		

续表

操作步骤	操作方法图示或说明	自检
装压板	 	
完成装配	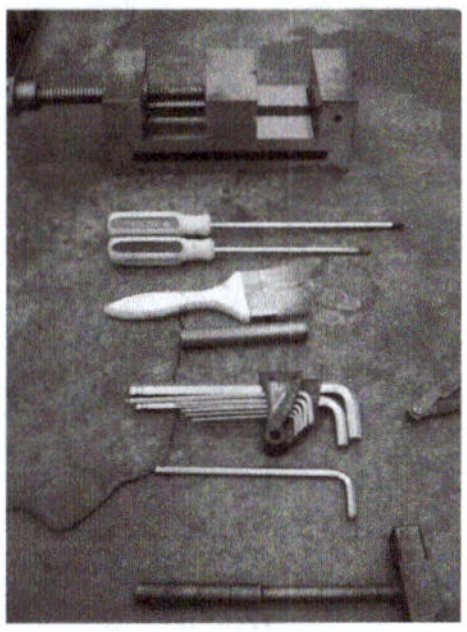	

🔍 4. 测量平口钳装配精度的步骤

测量平口钳装配精度的步骤见表 3-4。

表 3-4　测量平口钳装配精度的步骤

操作步骤	操作方法图示或说明	所用工具	自检
检测活动钳身与固定钳身的配合间隙		塞尺	
检测导轨平面度		百分表	
检测固定钳身平面度		百分表	

续表

操作步骤	操作方法图示或说明	所用工具	自检
检测固定钳身钳口平面度		百分表	

项目评价

任务结束后填写平口钳拆装实训评分表，见表3-5。

表3-5 平口钳拆装实训评分表

类型	项次	项目与技术要求	配分	评定方法	实测记录	得分
过程评价 40%	1	能熟练查阅相关资料	10	否则扣10分		
	2	能正确制定拆装工艺路线	10	每错一项扣2分		
	3	能正确选用相关工、量、刃具	5	每选错一样扣1分		
	4	操作熟练姿势正确	5	发现一项不正确扣2分		
	5	安全文明生产、劳动纪律执行情况	10	违者扣10分		
实训质量评价 60%	1	平口钳的拆卸正确	20	不正确扣10分		
	2	平口钳的装配正确	20	不正确扣10分		
	3	平口钳装配精度检测步骤正确	10	不正确扣10分		
	4	装配后的效果好	10	总体评定		

项目拓展

回转式台虎钳的拆装

1. 实训目的

（1）台虎钳是常用的工件夹具，通过台虎钳的拆装实训，让学生了解台虎钳的结构和主要零部件，熟悉台虎钳夹紧工件的工作原理，增强对机械零件的感性认识。

（2）熟悉台虎钳的拆装和调整过程，熟悉装配工艺。

2. 实训设备及拆装工具

（1）实训设备：台虎钳每个实训小组一台。

（2）工、量、刃具和其他准备包括：各类扳手、旋具（如一字螺丝刀、十字螺丝刀等）、钳子、手锤、钢刷、毛刷、量具（如游标卡尺等）及其他必备用品（每个实训小组一套）。

3. 实训内容：台虎钳的拆装

（1）根据回转式台虎钳装配图（见图3-3）及技术要求完成装配；装配完成后进行调整、检测及试车达到图纸的技术要求。回转式台虎钳明细表见表3-6。

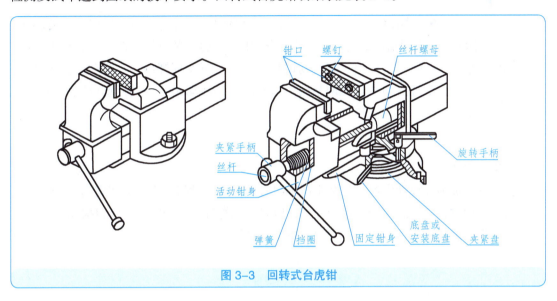

图3-3 回转式台虎钳

表3-6 回转式台虎钳明细表

序号	名 称	数量	备注
1	钳口	2	
2	螺钉	4	
3	丝杆螺母	1	
4	旋转手柄	2	
5	夹紧盘	1	
6	底盘或安装底盘	1	
7	固定钳身	1	
8	挡圈	1	
9	弹簧	1	
10	活动钳身	1	
11	丝杆	1	
12	夹紧手柄	1	

（2）参考步骤如下。

① 拆卸顺序：活动钳身→丝杆销、挡圈、弹簧→丝杆→螺钉、活动钳身钳口→旋转手柄→固定钳身→螺母、丝杆螺母→螺钉、固定钳身钳口。

② 装配的顺序：装丝杆螺母→固定钳身钳口、螺钉→装固定钳身、旋转手柄（对应夹紧盘两螺孔）→活动钳身钳口、螺钉→装丝杆（放入活动钳身中）、弹簧、挡圈、丝杆销→装活动钳身（丝杆对正丝杆螺母）、摇动夹紧手柄，使活动钳身滑动轻快→调整两钳口间隙，使活动钳身移动任意位置时两钳口保持平行。

4. 实训要求

（1）本实训为开放性实习，每个实训小组必须在规定时间内完成拆装实训。
（2）实训过程应注意爱护设备和工具，应妥善保管拆卸下的零件，不得损坏和丢失。
（3）完成拆装后应在规定的时间内写好实训报告。

项目四 齿轮泵拆装实训

项目导入

通过齿轮泵的拆装实训：首先，让学生了解齿轮泵的结构、工作原理和主要零部件，熟悉齿轮泵进出油口的位置关系；其次，让学生熟悉齿轮泵的拆装和调整过程，主要是熟悉装配的技术要领。

知识储备

一、齿轮泵的结构

齿轮泵用于输送黏性较大的液体，如润滑油和燃烧油，不宜输送黏性较低的液体（例如水和汽油等），不宜输送含有颗粒杂质的液体（以免降低不锈钢齿轮泵的使用寿命），可作为润滑系统油泵和液压系统油泵，广泛用于发动机、汽轮机、离心压缩机、机床以及其他设备。齿轮泵工艺要求高，不易获得精确的匹配。齿轮泵的实物外形及结构如图4-1和图4-2所示。

图4-1 齿轮泵实物外形图

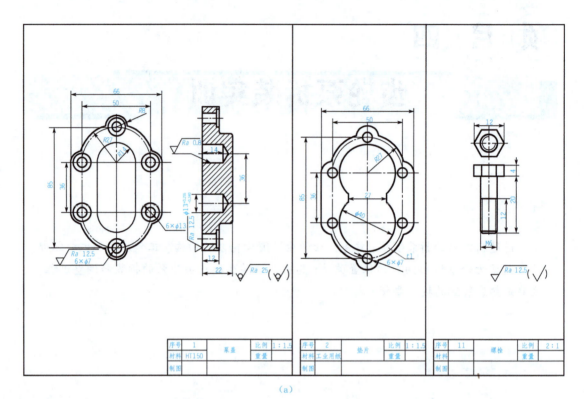

(a)

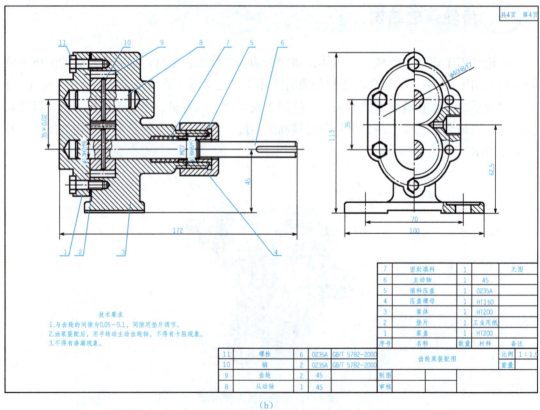

(b)

图 4-2 齿轮泵装配图

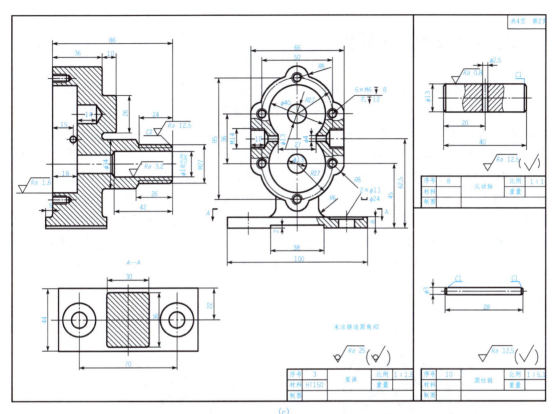

(c)

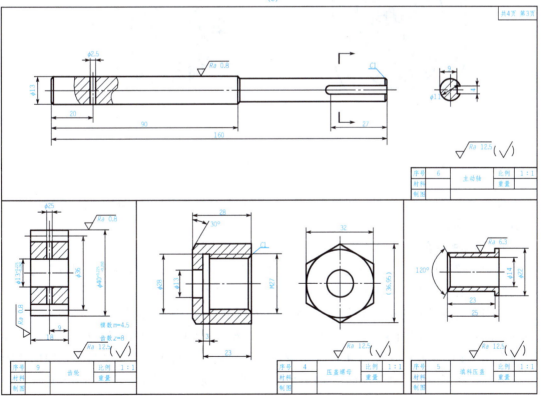

(d)

图 4-2　齿轮泵装配图（续）

二、齿轮泵的工作原理

齿轮泵有外啮合齿轮泵和内啮合齿轮泵两种，这里只介绍常用的外啮合齿轮泵的工作原理，如图 4-3 所示。外啮合齿轮泵的结构分解图如图 4-4 所示，外啮合齿轮泵主要由主动齿轮、从动齿轮、驱动轴、泵体及侧板等主要零件构成。泵体内相互啮合的主动齿轮、从动齿轮与两端盖及泵体一起构成密封工作容积，齿轮的啮合点将左、右两腔隔开，形成了吸、压油腔，当齿轮按图示方向旋转时，右侧吸油腔内的轮齿脱离啮合，密封工作腔容积不断增大，形成部分真空，油液在大气压力作用下从油箱经吸油管进入吸油腔，并被旋转的轮齿带入左侧的压油腔。左侧压油腔内的轮齿不断进入啮合，使密封工作腔容积减小，油液受到挤压被排往系统，这就是齿轮泵的吸油和压油过程。在齿轮泵的啮合过程中，相互啮合的轮齿、端盖及泵体（壳体）（啮合点沿啮合线），把吸油区和压油区分开。

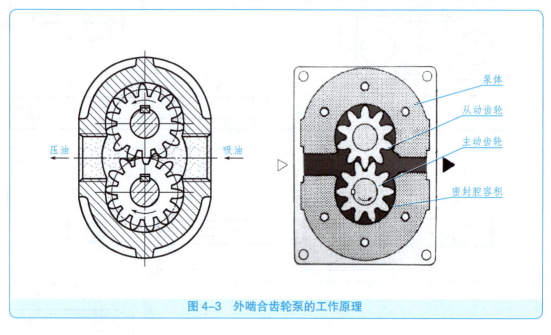

图 4-3 外啮合齿轮泵的工作原理

外啮合齿轮泵的结构图，如图 4-5 所示，齿轮泵因受其自身结构的影响，在结构性能上具有以下特征。

1）困油的现象

齿轮泵要平稳地工作，齿轮啮合时的重叠系数必须大于1，即至少有一对以上的轮齿同时啮合（有时可有两对齿轮同时啮合）。因此，在工作过程中，就有一部分油液困在两对轮齿啮合时所形成的封闭油腔之内，如图 4-6 所示，这个密封容积的大小随齿轮转动而变化。图 4-6（a）到图 4-6（b），密封容积逐渐减小；图 4-6（b）到图 4-6（c），密封容积逐渐增大；图 4-6（c）到图 4-6（d）密封容积又减小，如此产生了密封容积周期性的增大减小。受困油液受到挤压而产生瞬间高压，密封容腔的受困油液若无油道与排油口相通，油液将从缝隙中被挤出，导致油液发热，轴承等零件也受到附加冲击载荷的作用；若密封容积增大时，无油液的补充，又会造成局部真空，使溶于油液中的气体分离出来，产生气穴，这就是齿轮泵的困油现象。困油现象使齿轮泵产生强烈的噪声，并引起振动和气蚀，同时降低泵的容积效率，影响工作的平稳性和使用寿命。消除困油的方法，通常是在两端盖板上开卸荷槽，如图4-6（d）所示中的虚线方框。当封闭容积减小时，通过右边的卸荷槽与压油腔相通；而封闭容积增大时，通过左边的卸荷槽与吸油腔相通。两卸荷槽的间距必须确保在任何时候都不使吸油、排油相通。

图4-4 外啮合齿轮泵的结构分解图

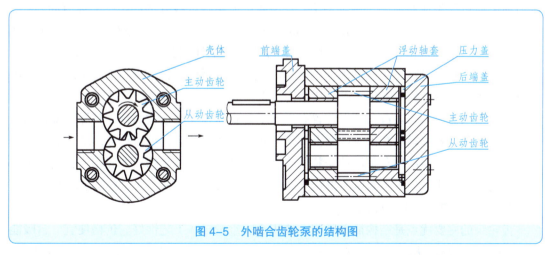

图4-5 外啮合齿轮泵的结构图

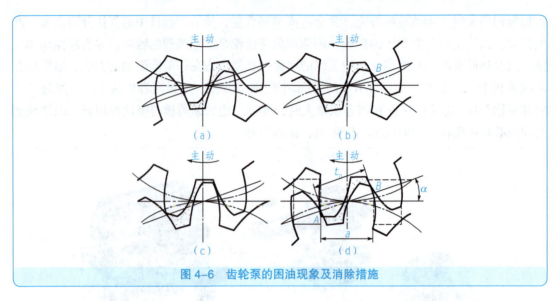

图 4-6 齿轮泵的困油现象及消除措施

2）径向不平衡力

在齿轮泵中，油液作用在齿轮外缘的压力是不均匀的，从低压腔到高压腔，压力沿齿轮旋转的方向逐齿递增。因此，齿轮和轴受到径向不平衡力的作用，工作压力越高，径向不平衡力越大，在径向不平衡力很大时，会使泵轴弯曲，导致齿顶压向定子的低压端，使定子偏磨，同时也加速轴承的磨损，降低轴承使用寿命。为了减小径向不平衡力的影响，常采取缩小压油口的办法，使压油腔的压力仅作用在一个齿到两个齿的范围内。同时，适当增大径向间隙，使齿顶不与定子内表面产生金属接触，并在支撑上多采用滚针轴承或滑动轴承。

3）齿轮泵的泄漏通道及端面间隙的自动补偿

在液压泵中，运动件间的密封是靠微小间隙密封的，这些微小间隙从运动学上形成摩擦副。同时，高压腔的油液通过间隙向低压腔的泄漏是不可避免的；齿轮泵压油腔的压力油可通过三条途经泄漏到吸油腔去：一是通过齿轮啮合线处的间隙——齿侧间隙；二是通过泵体定子环内孔和齿顶间的径向间隙——齿顶间隙；三是通过齿轮两端面和侧板间的间隙——端面间隙。在这三类间隙中，端面间隙的泄漏量最大，一般占总泄漏量的 75%～80%，压力越高，由间隙泄漏的液压油就越多。因此，为了提高齿轮泵的压力和容积效率，实现齿轮泵的高压化，需要从结构上来采取措施，对端面间隙进行自动补偿。

通常采用的端面间隙自动补偿装置有浮动轴套式和弹性侧板式两种，其原理都是引入压力油使轴套或侧板紧贴在齿轮端面上，压力越高，间隙越小，可自动补偿端面磨损和减小间隙。齿轮泵的浮动轴套是浮动安装的，轴套外侧的空腔与泵的压油腔相通，当泵工作时，浮动轴套受油压的作用而压向齿轮端面，将齿轮两侧面压紧，从而补偿了端面间隙。

4）齿轮泵的优缺点及应用

齿轮泵的主要优点是结构简单紧凑、体积小、重量轻、工艺性好、价格便宜、自吸能力强、对油液污染不敏感、转速范围大、维护方便、工作可靠。其缺点是径向不平衡力大、泄漏大、流量脉动大、噪声较高，不能作变量泵使用。

低压齿轮泵已广泛应用在低压（2.5 MPa 以下）的液压系统中，如机床以及各种补油、润滑和冷却装置等，齿轮泵在结构上采取一定措施后，可以达到较高的工作压力。中压齿轮泵主要用于机床、轧钢设备的液压系统。中高压和高压齿轮泵主要用于农林机械、工程机械、船舶机械和航空技术中。

> **观察思考**
> 齿轮泵作为液压动力元件，主要应用在什么场合？

三、其他液压泵介绍

常用液压泵按其结构形式可分为齿轮泵、叶片泵、柱塞泵三大类，以下简单介绍其他两种类型的液压泵。

1. 叶片泵

叶片泵与齿轮泵相比，具有流量均匀、运转平稳、噪声小等优点，但也存在着结构复杂、吸油性能差及对油液污染比较敏感等缺点。叶片泵在机床液压系统中应用较广。

叶片泵按输出流量是否可调，分为定量叶片泵和变量叶片泵；按每转吸油和压油次数不同，分为单作用叶片泵和双作用叶片泵两种。单作用叶片泵的转子每转一周，每个密封工作腔吸油、压油一次，输出流量可以改变，常做成变量叶片泵。双作用叶片泵的转子每转一周，每个密封工作腔吸油、压油各两次，输出流量均匀，但输出流量不可改变，常做成定量叶片泵。

1）单作用叶片泵

单作用叶片泵的工作原理图如图4-7所示。它由转子、定子、叶片、配油盘、泵体等组成。定子的内表面是圆柱面，转子和定子中心之间存在着偏心，叶片在转子的槽内可灵活滑动，在转子转动时的离心力以及叶片根部油压力作用下，叶片顶部贴紧在定子内表面上，于是，两相邻叶片、配油盘、定子和转子便形成了一个密封的工作腔。当转子按图示方向旋转时，图右侧的叶片向外伸出，密封工作腔容积逐渐增大，产生真空，油液通过吸油口、配油盘上的吸油窗口进入密封工作腔；而在图的左侧，叶片往里缩进，密封腔的容积逐渐缩小，密封

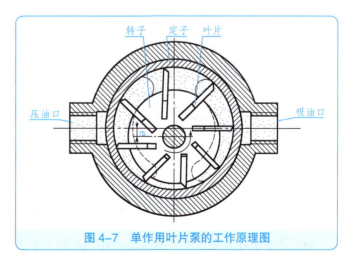

图4-7 单作用叶片泵的工作原理图

腔中的油液排往配油盘排油窗口，经压油口被输送到系统中去。这种泵在转子转一周的过程中，吸油、压油各一次，故称单作用叶片泵。从力学上讲，转子上受有单方向的液压不平衡作用力，故又称非平衡式泵，其轴承负载大。若改变定子和转子间偏心距的大小，便可改变泵的排量，形成变量叶片泵。

单作用叶片泵只要改变转子和定子的偏心距 e 和偏心方向，就可以改变输油量和输油方向，成为变量叶片泵。偏心距的调节可手动调节，也可自动调节。自动调节的变量叶片泵根据其工作特性的不同分为限压式、恒压式和恒流量式三类，其中又以限压式变量叶片泵应用较多。

限压式变量叶片泵是利用其工作压力的反馈作用实现变量的，它有外反馈式和内反馈式两种形式。外反馈式变量叶片泵的工作原理如图 4-8（a）所示。转子的中心 O_1 固定，定子可以左右移动。限压弹簧推压定子与反馈液压缸的活塞紧靠，这时定子中心 O_2 和转子中心 O_1 之间有一初始偏心距 e_0，它取决于泵需要输出的最大流量。泵工作时，反馈液压缸对定子施加向右的反馈力 p_A，当泵的工作压力达到调定压力 p_B 时，定子所受反馈力与弹簧预紧力平衡；当泵的工作压力 $p<p_B$ 时，定子不动，保持初始偏心距 e_0 不变，泵的输出流量最大且保持基本不变；当泵的工作压力 $p>p_B$ 时，限压弹簧被压缩，定子右移，偏心距减小，泵的输出流量也相应减小；当泵的工作压力达到某一个极限值时，限压弹簧被压缩到最短，定子移到最右端，偏心距趋近于零，这时泵的输出流量为零。

内反馈式变量叶片泵的工作原理如图 4-8（b）所示。内反馈式变量叶片泵的工作原理与外反馈式相似，但偏心距改变不是靠反馈液压缸，而是靠内反馈液压力的直接作用。内反馈式变量叶片泵配油盘的吸、压油窗口与泵的中心线不对称，因此压力油对于定子内表面的作用力 F 与泵的中心线不重合，存在一个偏角 θ，液压作用力 F 的水平分力 F_x 就是反馈力，它有压缩限压弹簧、减小偏心距的趋势。当 F_x 大于限压弹簧预紧力时，定子向右移动而减小偏心距，使泵的输出流量相应减小。

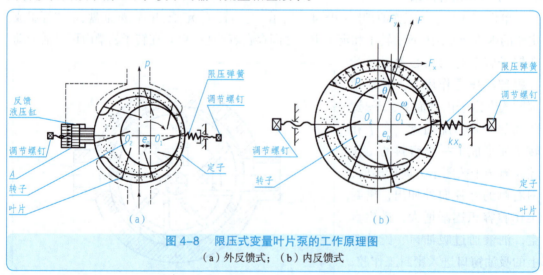

图 4-8　限压式变量叶片泵的工作原理图
（a）外反馈式；（b）内反馈式

限压式变量叶片泵适用于液压设备有"快进""工进"及"保压"系统的场合。快进时，负载小、压力低、流量大;工作进给时,负载大、压力高、流量小;保压时,提供小流量补偿系统的泄漏。

2)双作用叶片泵

图 4-9 所示为双作用叶片泵的工作原理图,它的作用原理和单作用叶片泵相似,不同之处只在于定子内表面是由两段长半径圆弧、两段短半径圆弧和 4 段过渡曲线组成,且定子和转子是同心的,当转子顺时针方向旋转时,密封工作腔的容积在左上角和右下角处逐渐增大,为吸油区;在左下角和右上角处逐渐减小,为压油区。吸油区和压油区之间有一段封油区将吸、压油区隔开。这种泵的转子每转一周,每个密封工作腔完成吸油和压油动作各两次,所以称为双作用叶片泵。泵的两个吸油区和两个压油区是径向对称的,作用在转子上的压力径向平衡,所以又称为平衡式叶片泵。

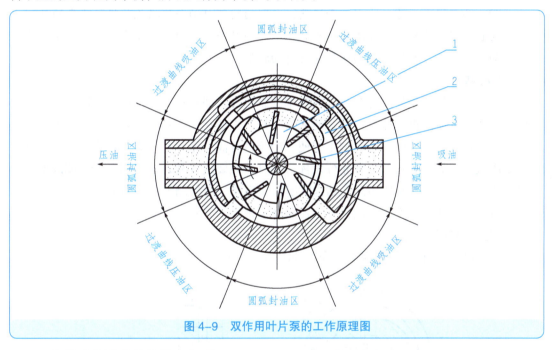

图 4-9 双作用叶片泵的工作原理图

双作用叶片泵的结构特点如下:

(1)定子内表面的曲线由 4 段圆弧和 4 段过渡曲线组成。4 段圆弧形成了封油区,把吸油区与压油区隔开,起封油作用;即处在封油区的密封工作腔,在转子旋转的一瞬间,其容积既不增大也不缩小,此瞬时既不吸油也不和吸油腔相通,也不压油、不和各压油腔相通。把腔内油液暂时"封存"起来。4 段过渡曲线形成了吸油区和压油区,完成吸油和压油任务。为使吸油、压油顺利进行,使泵正常工作,对过渡曲线的要求是:能保证叶片贴紧在定子内表面上,以形成可靠的密封工作腔;能使叶片在槽内径向运动时的速度、加速度变化均匀,以减少流量的脉动;当叶片沿着槽向外运动时,叶片对定子内表面的冲击应尽量小,以减少定子曲面的磨损。泵的动力学特性在很大程度上受过渡曲线的影响。理想的过渡曲线不仅应使叶片在槽中滑动时的径向速度变化均匀,而且应使叶片转到过渡曲线和圆弧段交接点处的加速度突变不大,以减小冲击和噪声。同时，还应使泵的瞬时流量的脉动最小。

过渡曲线一般都采用等加速—等减速曲线。为了减少冲击，近年来在某些泵中也有采用正弦、余弦曲线和高次曲线的情况。

（2）设置叶片安放角有利于叶片在槽内滑动，为了保证叶片顺利地从叶片槽滑出，减小叶片的压力角，减少压油区的叶片沿槽道向槽里运动时的摩擦力和因而造成的磨损，防止叶片被卡住，改善叶片的运动，根据过渡曲线的动力学特性，双作用叶片泵转子的叶片槽常做成沿旋转方向向前倾斜一个安放角 θ，当叶片有安放角时，叶片泵就不允许反转。（思考：工程上怎样对 θ 进行优化？）

但近年的研究表明，叶片倾角并非完全必要。某些高压双作用式叶片泵的转子槽是径向的，但并没有因此而引起明显的不良后果。

（3）为了提高压力，减少端面泄漏，采取的间隙自动补偿措施是将配油盘的外侧与压油腔连通，使配油盘在液压推力作用下压向转子。泵的工作压力越高，配油盘就会越加贴紧转子，对转子端面间隙进行自动补偿。

2. 柱塞泵

叶片泵和齿轮泵受使用寿命或容积效率的影响，一般只适合作为中、低压泵。柱塞泵是依靠柱塞在缸体内进行往复运动，使密封容积产生变化而实现吸油和压油的。由于柱塞与缸体内孔均为圆柱表面，因此加工方便、配合精度高、密封性能好、容积效率高。柱塞处于受压状态，能使材料的强度充分发挥，而且，只要改变柱塞的工作行程就能改变泵的流量。所以，柱塞泵具有压力高、结构紧凑、效率高、流量调节方便等优点。

柱塞泵按柱塞排列方向不同，分为径向柱塞泵和轴向柱塞泵两类。

1）径向柱塞泵

图 4-10 所示为径向柱塞泵的工作原理图。

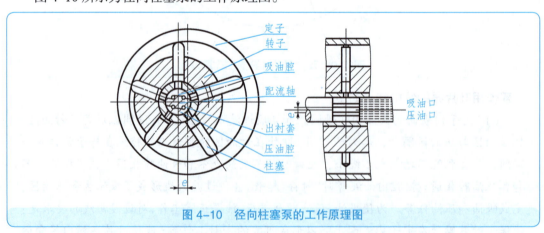

图 4-10 径向柱塞泵的工作原理图

径向柱塞泵的柱塞径向布置在缸体上，在转子上径向均匀分布着数个柱塞孔，孔中装有柱塞；转子的中心与定子的中心之间有一个偏心量 e。在固定不动的配流轴上，相对于柱塞孔的部位有相互隔开的上下两个配流窗口，该配流窗口又分别通过所在部位的两个轴向孔与泵的吸、排油口连通。当转子旋转时，柱塞在离心力及机械回程力作用下，它的头部与定子的内表面紧紧接触，由于转子与定子存在偏心，所以柱塞在随转子转动时，又在柱塞孔内做径向往复滑动，当转子按图示箭头方向旋转时，上半周的柱塞皆往外滑动，柱塞孔的密封容积增大，通过轴向孔吸油；下半周的柱塞皆往里滑动，柱塞孔内的密封工作容积缩小，通过配油盘向外排油。

当移动定子，改变偏心量 e 的大小时，泵的排量就发生改变；当移动定子使偏心量从正值变为负值时，泵的吸、排油口就互相调换。因此，径向柱塞泵可以是单向或双向变量泵，为了流量脉动率尽可能小，通常采用奇数柱塞数。

径向柱塞泵的径向尺寸大、结构较复杂、自吸能力差，并且配流轴受到径向不平衡液压力的作用，易于磨损，这些都限制了它的速度和压力的提高。最近发展起来的带滑靴连杆—柱塞组件的非点接触径向柱塞泵，改变了这一状况，出现了低噪声、耐冲击的高性能径向柱容泵，并在凿岩、冶金机械等领域获得应用，代表了径向柱塞泵发展的趋势。

2）轴向柱塞泵

（1）斜盘式轴向柱塞泵。图 4-11 所示为斜盘式轴向柱塞泵的工作原理。泵由斜盘、柱塞、缸体、配油盘等主要零件组成。斜盘和配油盘是不动的，传动轴带动缸体、柱塞一起转动，柱塞靠机械装置或在低压油作用压紧在斜盘上。当传动轴按图示方向旋转时，柱塞在其沿斜盘自下而上回转的半周内逐渐向缸体外伸出，使缸体孔内密封工作腔容积不断增加，产生局部真空，从而将油液经配油盘上的吸油窗口吸入；柱塞在其自上而下回转的半周内又逐渐向里推入，使密封工作腔容积不断减小，将油液从配油盘压油窗口向外排出，缸体每转一周，每个柱塞往复运动一次，完成一次吸油动作。由于起密封作用的柱塞和缸孔为圆柱形滑动配合，可以达到很高的加工精度；缸体和配油盘之间的端面密封采用液压自动压紧，所以轴向柱塞泵的泄漏可以得到严格控制，在高压下其容积效率较高。改变斜盘的倾角 γ，就可以改变密封工作容积的有效变化量，实现泵的动力变量。

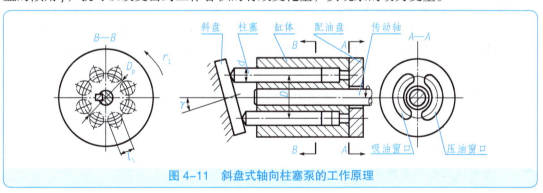

图 4-11 斜盘式轴向柱塞泵的工作原理

这种泵要求配油盘上的密封区宽度与柱塞底部的通油口宽度 l_1 不能相差太大，否则困油严重。为避免引起冲击和噪声，一般在油窗的近封油区处开有小三角槽卸载。

轴向柱塞泵的结构紧凑、径向尺寸小、重量轻、转动惯量小且易于实现变量，压力可以提得很高（可达到 40 MPa 或更高），可在高压高速下作业，并且有较高容积效率。因此这种泵在高压系统中应用较多，不足的是该泵对油液污染十分敏感，一般需要精过滤。同时，它的自吸能力差，常需要由低压泵供油。

（2）斜轴式轴向柱塞泵。图 4-12 所示为斜轴式轴向柱塞泵的工作原理图。传动轴的轴线相对于缸体有倾角 γ，柱塞与传动轴圆盘之间用相互铰接的连杆相连。当传动轴沿图示方向旋转时，连杆就带动柱塞连同缸体一起绕缸体轴线旋转，柱塞同时也在缸体的柱塞孔内做往复运动，使柱塞孔底部的密封腔容积不断发生增大和缩小的变化，通过配油盘上的吸油窗口和压油窗口实现吸油与压油。

与斜盘式泵相比较，斜轴式轴向柱塞泵由于缸体所受的不平衡径向力较小，故结构强度较高，可以有较高的设计参数，其缸体轴线与驱动轴的夹角 γ 较大，变量范围较大；但外形尺寸较大，结构也较复杂。目前，斜轴式轴向柱塞泵的使用相当广泛。

在变量形式上，斜盘式轴向柱塞泵靠斜盘摆动变量，斜轴式轴向柱塞泵则为摆缸变量。因此，后者的变量系统响应较慢。关于斜轴泵的排量和流量可参照斜盘式泵的计算方法计算。

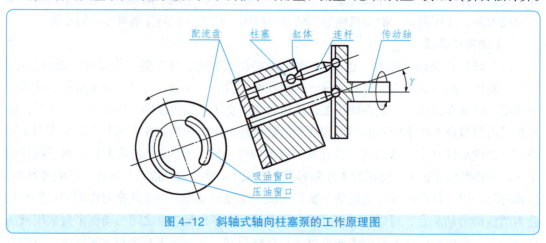

图 4-12　斜轴式轴向柱塞泵的工作原理图

柱塞泵是依靠柱塞在其缸体内做往复直线运动时所造成的密封工作腔的容积变化来实现吸油和压油的。由于构成密封工作腔的构件——柱塞和缸体内孔均为圆柱表面，同时加工方便，容易得到较高的配合精度，密封性能好、容积效率高，故可以达到很高的工作压力。同时，这种泵只要改变柱塞的工作行程就可以很方便地改变其流量，易于实现变量。因此，在高压、大流量大功率的液压系统中和流量需要调节的场合，如在龙门刨床、拉床、液压机、工程机械、矿山机械、船舶机械等方面得到广泛应用。

观察思考

三种液压泵中哪种液压泵提供的动力压力最大？

项目实施

实训前准备

（1）实训设备：齿轮泵。

（2）拆装工具：各类扳手、钳子、螺丝刀、铜棒等专用工具。

任务一　齿轮泵拆卸

交流讨论
分组讨论齿轮泵的拆卸步骤。

拆卸齿轮泵的顺序及注意事项如下。

1. 齿轮泵的拆装要点

(1) 正确选取拆装工具和量具。

(2) 拆卸程序正确。

(3) 所使用的工艺方法得当，符合技术规范。

(4) 能够正确地对零件进行外部检查。

(5) 拆装完毕后工具的整理合符规范。

(6) 测量数据分析和结论正确。

2. 齿轮泵拆装应注意的事项

(1) 预先准备好拆卸工具。

(2) 螺钉要对称松卸。

(3) 拆卸时应注意做好记号。

(4) 注意不要碰伤或损坏零件和轴承等。

(5) 紧固件应借助专用工具拆卸，不得任意敲打。

3. 齿轮泵拆卸的步骤

齿轮泵拆卸的步骤见表 4-1，主要步骤如下。

（1）切断电动机电源，并在电气控制箱上挂好"设备检修，严禁合闸"的警告牌。

（2）关闭管路上吸、排截止阀。

（3）旋开排出口上的螺塞，将管系及泵内的油液放出，然后拆下吸、排管路。

（4）用内六角扳手将输出轴侧的端盖螺钉拧松（拧松之前在端盖与本体的结合处做上记号），并取出螺钉。

（5）用螺丝刀轻轻沿端盖与本体的结合面处将端盖撬松，注意不要撬太深，以免划伤密封面，因密封主要靠两密封面的加工精度及泵体密封面上的卸油槽来实现。

（6）将端盖板拆下，将主动、从动齿轮取出，注意将主动、从动齿轮与对应位置做好记号。

（7）用煤油或轻柴油将拆下的所有零部件进行清洗并放于容器内妥善保管，以备检查和测量。

表 4-1　齿轮泵拆卸的步骤

操作步骤	操作方法图示或说明	所用工具	自检
拆螺钉		内六角扳手	
拆端盖		铜棒 一字螺丝刀	

续表

操作步骤	操作方法图示或说明	所用工具	自检
拆垫片			
拆压盖螺母		活络扳手	
拆填料压盖			
拆锁紧螺母		勾头扳手	
拆主动轴		铜棒	
拆主动齿轮	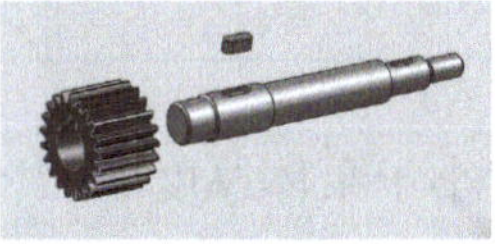	铜棒、台虎钳	

续表

操作步骤	操作方法图示或说明	所用工具	自检
拆从动轴		铜棒	
拆从动齿轮	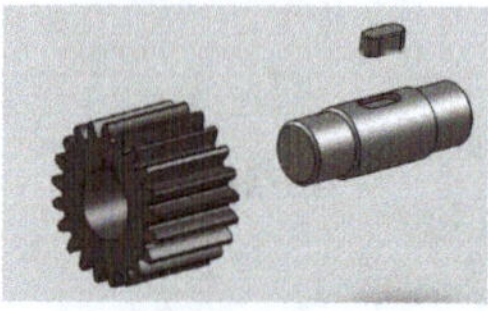	铜棒、台虎钳	
拆填料			

任务二　齿轮泵装配

交流讨论
分组讨论齿轮泵的装配步骤。

装配齿轮泵的顺序及注意事项如下。

1. 齿轮泵装配时的一般步骤

（1）修整去掉各部位毛刺，用油石修磨，齿端部不许倒角，然后认真清洗各零件。

（2）检测各零件，应保证齿轮宽度小于泵体厚度 0.02～0.03 mm，装配后的齿顶圆与泵体弧面间隙应在 0.13～0.16 mm，值得注意的是泵体与端盖配合接触面间不加任何密封垫。

（3）各零件装配后插入定位销，然后对角交叉均匀力紧固各螺钉。

（4）齿轮泵装配后用手转动输入轴，应转动灵活，无阻滞现象。

（5）如果是维修后的齿轮泵部件，应注意其工作时，工作压力波动应在 0.147 MPa 以内。

2. 装配齿轮泵的工艺与修复

齿轮泵是由泵体、泵盖、齿轮、轴承套以及轴端密封等零部件组成的。齿轮均经氮化处理，有较高的硬度和耐磨性，与轴一同安装在轴套内。泵内所有运转部件均利用其输送的介质润滑。

随着使用时间的增长，齿轮泵会出现泵油不足，甚至不泵油等故障，主要原因是有关部位磨损过大。齿轮式润滑油泵的磨损部位主要有主动轴与衬套、被动齿轮中心孔与轴销、泵壳内腔与齿轮、齿轮端面与泵盖等。齿轮泵磨损后其主要技术指标达不到要求时，应将齿轮泵拆卸分解，查清磨损部位及程度，采取相应办法予以修复。

齿轮油泵主动轴与衬套磨损后，其配合间隙增大，必将影响泵油量。遇此情况，可采用修主动轴或衬套的方法恢复其正常的配合间隙。若主动轴磨损轻微，只需压出旧衬套后换上标准尺寸的衬套，配合间隙便可恢复到允许范围。若主动轴与衬套磨损严重且配合间隙严重超标时，不仅要更换衬套，而且主动轴也应用镀铬或振动堆焊法将其直径加大，然后再磨削到标准尺寸，恢复与衬套的配合要求。

壳体裂纹的修理：壳体裂纹可用铸 508 镍铜焊条焊补。焊缝需紧密而无气孔，与泵盖结合面平面度误差不大于 0.05 mm。

主动轴衬套孔与从动轴孔磨损的修理：主动轴衬套孔磨损后，可用铰削方法消除磨损痕迹，然后配用加大至相应尺寸的衬套。从动轴孔磨损也以铰削法消除磨损痕迹，然后按铰削后孔的实际尺寸配制从动轴。

阀座的修理：限压阀有球形阀和柱塞式阀两种。球形阀座磨损后，可将一钢球放在阀座上，然后用金属棒轻轻敲击钢球，直到球阀与阀座密合为止。如阀座磨损严重，可先铰削除去磨痕，再用上法使之密合。柱塞式阀座磨损后，可放入少许气门砂进行研磨，直到密合为止。

齿轮泵壳内腔的修理：泵壳内腔磨损后，一般采取内腔镶套法修复，即将内腔镗大后镶配铸铁或钢衬套。镶套后，将内腔镗到要求的尺寸，并把伸出端面的衬套磨去，使其与泵壳结合面平齐。

3. 齿轮泵盖的修理

1）工作平面的修理

若齿轮泵盖工作平面磨损较小，可用手工研磨法消除磨损痕迹，即在平台或厚玻璃板上放少许气门砂，然后将泵盖放在上面进行研磨，直到磨损痕迹消除、工作表面平整为止。

当泵盖工作平面磨损深度超过 0.1 mm 时，应采取先车削后研磨的办法修复。

2）主动轴衬套孔的修理

齿轮泵盖上的主动轴衬套孔磨损的修理与壳体主动轴衬套孔磨损的修理方法相同。

4. 齿轮泵装配

齿轮泵装配步骤见表 4-2。

表 4-2　齿轮泵装配步骤

操作步骤	操作方法图示或说明	所用工具	自检
组装从动轴		铜棒、台虎钳	
组装主动轴	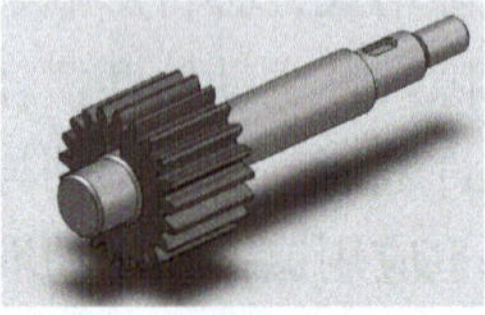	铜棒、台虎钳	
装配主动轴、从动轴		铜棒、台虎钳	
装垫片			

续表

操作步骤	操作方法图示或说明	所用工具	自检
装端盖			
装螺钉		内六角扳手	
装填料、填料压盖螺母、压盖螺母		勾头扳手、活络扳手、一字螺丝刀	

5. 齿轮泵的间隙测量

1）用压铅法测量齿轮泵的啮合间隙

具体方法为：选择合适的软铅丝，一般软铅丝直径在 0.5～1 mm，截取三段软铅丝，每段长度以能围住一个齿面为宜，用机械用凡士林将三段软铅丝等距粘在从动齿轮一只轮齿的齿宽方向上，装好主动齿轮、从动齿轮（注意啮合软铅丝的齿应处于排出腔），并在泵壳外部做好标记，装配好齿轮泵盖和传动装置，然后沿泵的转向转动齿轮泵的主动轴，将啮合软铅丝的齿转到吸入腔，拆解齿轮泵，拆卸主动齿轮、从动齿轮，取下软铅片并清洁，用外径千分尺测量每道铅丝片在轮齿啮合处的厚度，将同一铅丝片厚度相加，即为齿轮泵齿与齿的啮合间隙。对于直齿型齿轮泵，也可用塞尺测量齿与齿间啮合间隙，即装配好主动齿轮、从动齿轮，用塞尺测量两啮合齿接触面的间隙，测量点要选在齿轮上相隔大约 120° 的三个位置上，然后求平均值，齿轮啮合间隙应在 0.04～0.08 mm，最大不超过 0.12 mm，间隙过大时，应成对更换新齿轮。

2）测量齿轮泵的轴向间隙（端面间隙）

齿轮泵的端面（轴向）间隙是其内部的主要泄漏处，通常用"压铅丝"测量，具体方法是：选择合适的软铅丝，其直径一般为被测规定间隙的 1.5 倍，截取两段长度等于节圆直径的软铅丝，用机械用凡士林将圆形软铅丝粘在齿轮端面，装上泵盖，对称均匀地上紧泵盖螺母，然后再拆卸泵盖，取下软铅片并清洁，在每一圆形软铅片上选取 4 个测量点，用外千分尺测量软铅片厚度，做好记录，最后根据 8 个测量值得出的平均值即为齿轮泵的轴向间隙，齿轮轴向间隙应在 0.04～0.08 mm，此间隙可用改变纸垫厚度来加以调整。如果齿轮端面擦伤而使端面间隙过大时，也可将泵壳与端盖的结合面磨去少许，以此补救。

项目评价

任务结束后填写齿轮泵拆装实训评分表，见表 4-3。

表 4-3 齿轮泵拆装实训评分表

类型	项次	项目与技术要求	配分	评定方法	实测记录	得分
过程评价 40%	1	能熟练查阅相关资料	10	否则扣 10 分		
	2	能正确制定拆装工艺路线	10	每错一项扣 2 分		
	3	能正确选用相关工、量、刃具	5	每选错一样扣 1 分		
	4	操作熟练，姿势正确	5	发现一项不正确扣 2 分		
	5	安全文明生产、劳动纪律执行情况	10	违者扣 10 分		
实训质量评价 60%	1	齿轮泵拆卸正确	20	不正确扣 10 分		
	2	齿轮泵装配正确	20	不正确扣 10 分		
	3	齿轮泵的间隙测量正确	10	不正确扣 10 分		
	4	装配后的效果好	10	总体评定		

项目五

变速动力箱拆装实训

项目导入

通过变速动力箱的拆装实训，让学生了解变速动力箱的结构、工作原理和主要零部件；装配时零件和组件必须按装配图要求安装在规定的位置上，保证各轴线之间有正确的相对位置；装配过程中注意到固定连接件（如键、螺钉、螺母等）必须保证零件或组件牢固地连接在一起；装配后旋转机构必须能灵活地转动，轴承的间隙应调整合适，能保证良好润滑和无渗漏现象；装配后圆柱齿轮副和锥齿轮副的啮合必须符合技术要求；熟悉变速动力箱的拆装和调整过程，保证装配技术要求。

变速动力箱模块是浙江天煌科技实业有限公司生产的 THMDZP-2A 型机械装配技能综合实训平台中的动力源部分，主要功能是为整台设备提供动力。

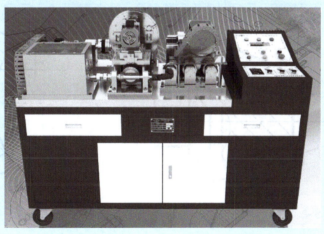

知识储备

一、认识变速动力箱

1. 圆锥齿轮传动的基础知识

变速动力箱外形图如图 5-1 所示。

图 5-1　变速动力箱外形图

2. 圆锥齿轮传动简介

1）圆锥齿轮的结构

（1）齿轮轴。当圆锥齿轮小端的齿根圆至键槽底部的距离 $x ≤ (1.6 \sim 2)m$ 时，齿轮与轴制成一体，称为齿轮轴，如图 5-2 所示。

（2）实体式圆锥齿轮。当齿轮的齿顶圆直径 $d_a ≤ 200$ mm 时，可采用实体式结构，如图 5-3 所示。此种齿轮常用锻钢制造。

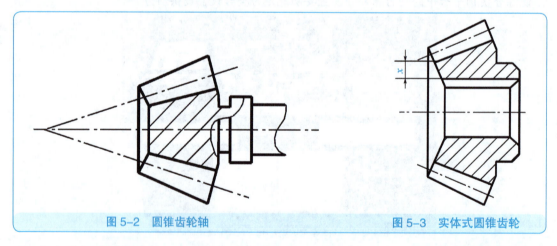

图 5-2　圆锥齿轮轴　　　　图 5-3　实体式圆锥齿轮

（3）腹板式圆锥齿轮。当齿轮的齿顶圆直径 $d_a=200 \sim 500$ mm 时，可采用腹板式结构，如图 5-4 所示。

（4）轮辐式圆锥齿轮。当齿轮顶圆直径 $d_a > 500$ mm 时，可制成铸造轮辐式结构。这种结构的齿轮常用铸钢或铸铁制造。如图 5-5 所示。

结构特点：轮齿分布在截圆锥体上，齿形从大端到小端逐渐变小。为计算和测量方便，通常取大端参数为标准值。

> **观察思考**
> 圆锥齿轮为什么取大端参数为标准值？

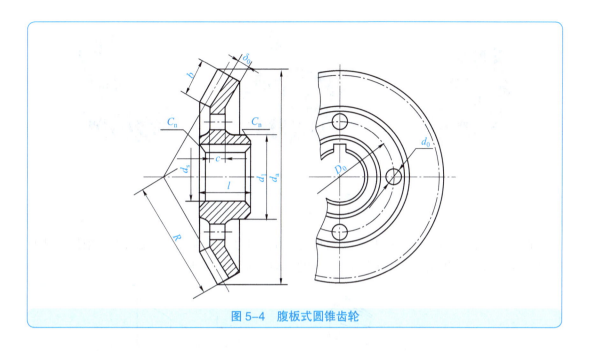

图 5-4 腹板式圆锥齿轮

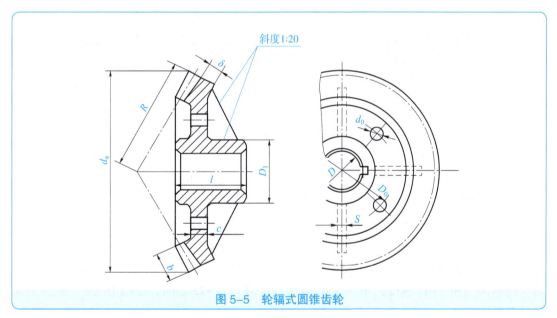

图 5-5 轮辐式圆锥齿轮

2）圆锥齿轮传动的类型及应用

圆锥齿轮按轮齿形状分为直齿、斜齿和曲齿等三种类型，如图 5-6 所示。因直齿圆锥齿轮的加工、测量和安装比较简便，生产成本低廉，故应用最为广泛。曲齿圆锥齿轮由于传动平稳，承载能力较强，故常用于高速重载的传动。这里我们只介绍直齿圆锥齿轮。

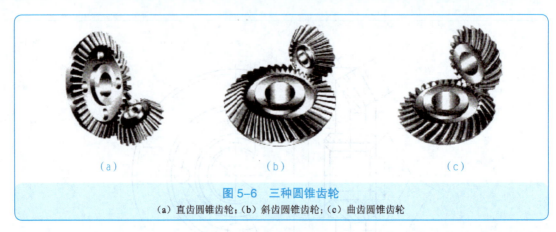

图 5-6 三种圆锥齿轮
（a）直齿圆锥齿轮；（b）斜齿圆锥齿轮；（c）曲齿圆锥齿轮

圆锥齿轮传动用于传递两相交轴之间的运动和动力，两轴之间的交角 Σ 可根据传动的需要决定。在一般机械中，多采用 $\Sigma=90°$ 的传动。如图 5-7 所示。

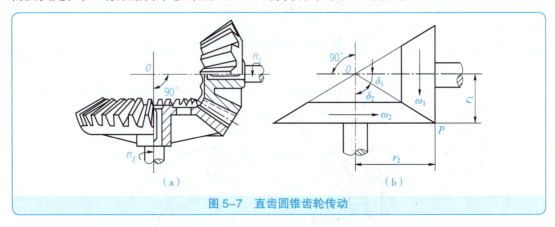

图 5-7 直齿圆锥齿轮传动

3）圆锥齿轮传动的特点

（1）直齿锥齿轮。比曲线齿锥齿轮的轴向力小，制造也容易，速度小于 5 m/s，效率在 0.97～0.995 之间，适用于汽车、拖拉机等中低速传动；

（2）斜齿锥齿轮。比直齿锥齿轮总重合度大，平稳性高。速度比直齿锥齿轮高，效率在 0.97～0.995 之间，适用于汽车、拖拉机等中低速传动；

（3）曲线齿锥齿轮。比直齿锥齿轮传动平稳，噪声小，承载能力大；支承部分要考虑较大的轴向力和方向；速度大于 5 m/s，效率在 0.97～0.995 之间，适用于汽车、拖拉机驱动桥及通用圆锥、圆柱齿轮变速动力箱。

圆锥齿轮传动可以实现两相交轴间的运动和动力传递。一对直齿圆锥齿轮的啮合传动相当于一对当量齿轮的啮合传动，因此采用仿形法加工直齿圆锥齿轮时，可根据当量齿数来选择铣刀的号码。

> **观察思考**
> 圆锥齿轮传动与其他啮合传动相比其最大特点是什么？

4）圆锥齿轮传动的正确啮合条件

一对直齿圆锥齿轮的正确啮合条件如下：

（1）大端模数相等，即 $m_1=m_2=m$。

（2）压力角相等，即 $\alpha_1=\alpha_2=20°$

（3）轴交角等于两个分度圆锥角 δ_1、δ_2 之和，即 $\Sigma=\delta_1+\delta_2=90°$

5）圆锥齿轮传动的失效形式

圆锥齿轮传动的失效形式与齿轮传动基本相同。主要有轮齿的点蚀、弯曲折断、磨损及胶合失效等。

6）圆锥齿轮传动的常用材料及选择

主从动锥齿轮材料的基本要求：应使齿面具有足够的硬度和耐磨性，齿心具有足够的韧性，以防止齿面的各种失效，同时应具有良好的冷、热加工工艺性，以达到齿轮的各种技术要求。

常用的齿轮材料为各种牌号的优质碳素结构钢、合金结构钢、铸钢、铸铁和非金属材料等。一般多采用锻件或轧制钢材。当齿轮结构尺寸较大，轮坯不易锻造时，可采用铸钢；开式低速传动时，可采用灰铸铁或球墨铸铁、低速重载的齿轮易产生齿面塑性变形，轮齿也易折断，宜选用综合性能较好的钢材；高速齿轮易产生齿面点蚀，宜选用齿面硬度高的材料；受冲击载荷的齿轮，宜选用韧性好的材料。

锥齿轮常用材料见表5-1。

表5-1 锥齿轮材料

类 别	材料牌号	热处理方法	抗拉强度 σ_b/MPa	屈服点 σ_s/MPa	硬度（HBS 或 HRC）
优质碳素钢	35	正火	500	270	150～180HBS
		调质	550	294	190～230HBS
	45	正火	588	294	169～217HBS
		调质	647	373	229～286HBS
		表面淬火			40～50HRC
	50	正火	628	373	180～220HBS
合金结构钢	40Cr	调质	700	500	240～258HBS
		表面淬火			48～55HRC
	35SiMn	调质	750	450	217～269HBS
		表面淬火			45～55HRC
	40MnB	调质	735	490	241～286HBS
		表面淬火			45～55HRC
	20Cr	渗碳淬火	637	392	56～62HRC
	20CrMnTi	回火	1079	834	56～62HRC
	38CrMnAlA	渗氮	980	834	＞850HV
铸 钢	ZG45	正火	580	320	156～217HBS
	ZG55		650	350	169～229HBS
灰铸钢	HT300		300		185～278HBS
	HT350		350		202～304HBS
球墨铸铁	QT600-3		600	370	190～270HBS
	Qt700-2		700	420	225～305HBS

7）圆锥齿轮传动的润滑

锥齿轮传动由于啮合齿面间有相对滑动．会发生摩擦和磨损．因而造成动力消耗、发热。这些情况在高速重载时尤为突出。因此，锥齿轮传动必须考虑润滑。良好的润滑不仅能提高使用效率、减少磨损，还能散热、防锈和降低噪声。从而改善工作条件，延长齿轮的使用寿命。

锥齿轮传动润滑剂多采用润滑油。润滑油的黏度通常根据齿轮材料和圆周速度选取，并由选定的黏度再确定润滑油的牌号。润滑油的黏度可参考表 5-2 选用。

表 5-2　圆锥齿轮润滑油黏度推荐表

齿轮材料	强度极限 σ_B/MPa	圆周速度 v/(m·s^{-1})						
		<0.5	0.5～1	1～2.5	2.5～5	5～12.5	12.5～25	>25
		运动黏度 v/(mm^2·s^{-1})（40℃）						
塑料、铸铁、青铜	—	350	220	150	100	80	55	—
钢	450～1000	500	350	220	150	100	80	55
	1000～1250	500	500	350	220	150	100	80
渗碳或表面淬火的钢	1250～1580	900	500	500	350	220	150	100

注：1. 多级齿轮传动，采用各级传动圆周速度的平均值来选取润滑油黏度；
　　2. 对于 σ_B > 800 MPa 的镍铬钢制齿轮（不渗碳）的润滑油黏度应取高一档的数值。

3. 轮系简介

1）轮系的组成

由两个相互啮合的齿轮所组成的齿轮传动是最简单的齿轮机构形式。在机械传动中，有时为了获得较大的传动比，或将主动轴的一种转速变换为从动轴的多种转速，或需改变从动轴的回转方向，往往采用一系列相互啮合的齿轮，将主动轴和从动轴连接起来组成传动系统。这种由一系列相互啮合的齿轮组成的传动系统称为轮系。

2）轮系的应用特点

（1）可获得很大的传动比。用一对相互啮合的齿轮传动，受结构的限制，传动比不能过大（一般 $i = 3 - 5, i_{max} \leq 8$），而采用轮系传动可以获得很大的传动比，以满足低速工作的要求。

（2）可作较远距离的传动。当两轴中心距较大时，如用一对齿轮传动，则两齿轮的尺寸必然很大，不仅浪费材料，而且传动机构庞大，而采用轮系传动，则可使其结构紧凑，并能实现远距离传动。

（3）可实现变速要求。可在轮系中采用滑移齿轮等变速机构，改变传动比，实现多级变速要求。如图 5-8 所示为滑移齿轮变速机构。

（4）可实现改变从动轴回转方向。在轮系中采用惰轮、三星轮等机构可以改变从动轴回转方向，实现从动轴正、反转变向。如图 5-9 所示三星轮机构。

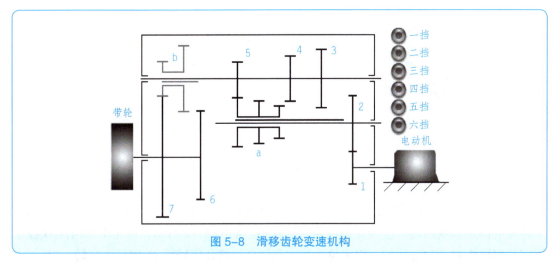

图 5-8　滑移齿轮变速机构

（5）可实现运动的合成或分解。采用周转轮系可以将两个独立的回转运动合成为一个回转运动，也可以将一个回转运动分解为两个独立的回转运动。利用差动轮系的双自由度特点，可把两个运动合成为一个运动。如图 5-10 所示的差动轮系就常被用来进行运动的合成。差动轮系不仅能将两个独立的运动合成为一个运动，而且还可将一个基本构件的主动转动，按所需比例分解成另两个基本构件的不同运动。汽车后桥的差速器就利用了差动轮系的这一特性。

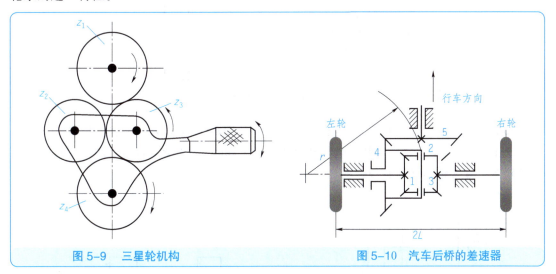

图 5-9　三星轮机构　　　　　图 5-10　汽车后桥的差速器

3）轮系的分类

按轮系传动时各齿轮的几何轴线在空间的相对位置是否都固定，轮系可分为定轴轮系和周转轮系两大类。

（1）定轴轮系。传动时，各齿轮的几何轴线位置都是固定的轮系称为定轴轮系，如图 5-11 所示。定轴轮系又称普通轮系。

项 目 五

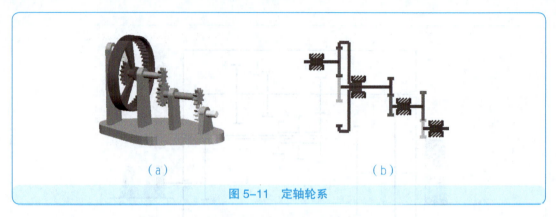

图 5-11 定轴轮系

（2）周转轮系。传动时，轮系中至少有一个齿轮的几何轴线位置不固定，而是绕另一个齿轮的固定轴线回转，这种轮系称为周转轮系。如图 5-12 所示，齿轮 1 和构件 H 各绕固定几何轴线 O_1 和 O_H 回转，而齿轮 2 一方面绕自己的几何轴线 O_2 回转（自转），另一方面轴线 O_2 又绕固定轴线 O_1 回转（公转）。

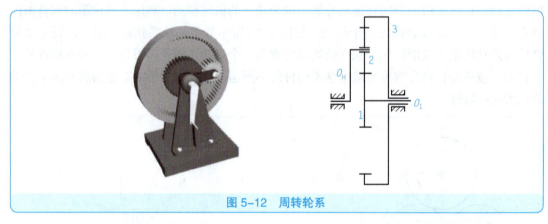

图 5-12 周转轮系

（3）复合轮系。传动时，复合轮系是由定轴—周转轮轴或多个周转轮轴组成的轮系。如图 5-13 所示就是由定轴和周转轮轴组成的轮系；如图 5-14 所示就是由两个周转轮轴组成的轮系。复合轮系又称混合轮系。

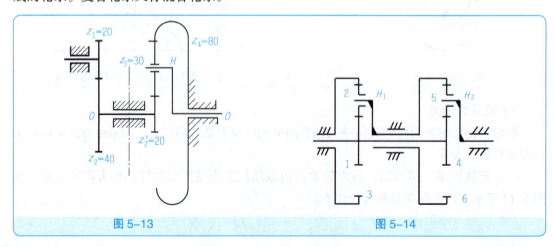

图 5-13　　　　　　　　　　图 5-14

126

4）定轴轮系的传动比

如图 5-15 所示的圆柱齿轮组成的定轴轮系，齿轮 1、2、3、4、5 的齿数分别用 z_1、z_2、z_3、z_4、z_5 表示，齿轮的转速分别用 n_1、n_2、n_3、n_4、n_5 表示。轮系中各对齿轮的传动比用双下角标表示，如 i_{12}、i_{23}、i_{45} 等，轮系的传动比用 i 表示。各对齿轮的传动比如下：设 1 为主动轮，5 为最后的从动轮，则总传动比为 $i_{15}=\omega_1/\omega_5$（或 $i_{15}=n_1/n_5$）。

其中：

$$i_{12}=\frac{\omega_1}{\omega_2}=\frac{z_2}{z_1}$$

$$i_{2'3}=\frac{\omega_{2'}}{\omega_3}=\frac{\omega_2}{\omega_3}=\frac{z_3}{z_{2'}}$$

$$i_{3'4}=\frac{\omega_{3'}}{\omega_4}=\frac{\omega_3}{\omega_4}=\frac{z_4}{z_{3'}}$$

$$i_{45}=\frac{\omega_4}{\omega_5}=\frac{z_5}{z_4}$$

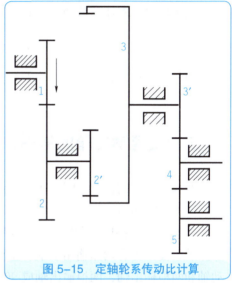

图 5-15　定轴轮系传动比计算

将上述各式两边分别连乘，得整个轮系的传动比：

$$i_{15}=\frac{\omega_1}{\omega_5}=i_{12}\cdot i_{2'3}\cdot i_{3'4}\cdot i_{4'5}=\frac{z_2 z_3 z_4 z_5}{z_1 z_{2'} z_{3'} z_4}$$

上式表明：定轴轮系的传动比等于组成该轮系的各对啮合齿轮传动比的连乘积；其大小等于各对啮合齿轮中所有从动齿轮齿数的连乘积与主动轮齿数的连乘积之比。即

$$定轴轮系的传动比=\frac{所有从动轮齿数的连乘积}{所有主动轮齿数的连乘积}$$

特别提示

齿轮 4 的齿数对传动比的大小无影响，只起改变方向的作用，被称为惰轮。

当首、末两构件的轴线平行或重合时，传动比表达式中应有正负符号来表示首、末两构件是同向回转还是反向回转，即

$$轮系传动比=\pm\frac{所有从动轮齿数连乘积}{所有主动轮齿数连乘积}$$

正号表示同向回转，负号表示反向回转。正负号的判断方法：

方法一：

$$轮系传动比=(-1)^m\frac{所有从动轮齿数连乘积}{所有主动轮齿数连乘积}$$

式中：m——轮系中外啮合的圆柱齿轮对数（m 为奇数时，轮系的传动比为负，反之为正）

但此法仅适用于平面定轴轮系（全部由圆柱齿轮组成的定轴轮系），不可用于空间定轴轮系（含有圆锥齿轮、蜗轮蜗杆、螺旋齿轮的定轴轮系）。

方法二：画箭头。此法适用于所有定轴轮系。

定轴轮系中任意从动轮转速的计算，设定轴轮系中各级齿轮副的主动轮齿数为 z_1、z_3、$z_5 \cdots$ 从动轮齿数为 z_2、z_4、$z_6 \cdots$ 第 k 个齿轮为从动轮，齿数为 z_k。根据式

$$i_{1k} = \frac{n_1}{n_k} = \frac{z_2 z_4 z_6 \cdots z_k}{z_1 z_3 z_5 \cdots z_{k-1}}$$

则定轴轮系中任意从动轮 k 的转速

$$n_k = n_1 \frac{1}{i_{1k}} = n_1 \frac{z_1 z_3 z_5 \cdots z_{k-1}}{z_2 z_4 z_6 \cdots z_k}$$

即任意从动轮 k 的转速，等于首轮的转速乘以首轮为 k 轮间传动比的倒数。

三、变速动力箱的结构分析

变速动力箱结构图如图 5-16 所示。

1. 箱体结构

变速动力箱：由主动电动机通过带轮向变速动力箱提供输入动力，经过变速动力箱的操作后，使动力有两路输出功能。主要是由四根轴组成的箱体结构，一根输入轴，一根传动轴和两根输出轴，两根输出轴成 90° 夹角，可完成一轴输入两轴变速输出功能。

2. 变速动力箱的工作原理

变速动力箱（如图 5-17 所示）由带轮 1 输入动力，经输入轴 2 驱动固定传动轴 3，固定传动轴 3 通过直齿轮、锥齿轮等传递，实现了两个方向动力的传动，一路驱动第二输出轴 5，另一路驱动第一输出轴 7。固定传动轴 3 与第二输出轴 5 成 90° 夹角，可完成一轴输入两轴变速输出功能。

图 5-16　变速动力箱结构图

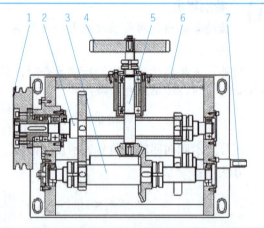

图 5-17　变速动力箱工作原理图
1—带轮；2—输入轴；3—固定传动轴；4—连接离合器用大齿轮；
5—输出轴；6—变速动力箱体；7—第一输出轴

3. 变速动力箱组成

变速动力箱一般由下列几部分组成：

（1）传动系统：齿轮、传动轴等组成。其作用是传递动力源的运动和能量，并起变速、改变方向的作用。

（2）能源系统：由电动机等组成。电动机将电能转换成可旋转的动力。

（3）支承部件：主要为变速动力箱体、轴承、轴承套，它支承了传动轴、齿轮的工作位置，保证精密分度盘要求的精度、强度和刚度。

项目实施

任务一　变速动力箱拆卸

交流讨论

分组讨论变速动力箱的拆卸步骤。

温馨提示

拆卸变速动力箱的顺序及注意事项

1. 拆卸变速动力箱的顺序

（1）观察变速动力箱外部结构，判断输入轴、输出轴及安装方式。

（2）观察变速动力箱的外形与箱体附件，了解附件的功能、结构特点和位置。

（3）拧下箱盖和箱座连接螺钉，打开箱盖。

（4）仔细观察箱体内轴系零部件间相互位置关系，确定传动方式。判定齿轮及轴向力、轴承型号及安装方式。

（5）取出轴系部件，拆零件并观察分析各零件的作用、结构、周向定位、轴向定位、间隙调整、润滑、密封等问题。把各零件编号并分类放置。

（6）分析轴承内圈与轴的配合，轴承外圈与机座的配合情况。

（7）测定直齿圆柱齿轮齿数、模数、轴径。用游标卡尺测量其值。

（8）拆、量、观察分析过程结束后，按拆卸的反顺序装配好变速动力箱。

2. 拆卸变速动力箱的注意事项

（1）变速动力箱拆装过程中，若需搬动，要注意人身安全。

（2）拆装轴承时须用专用工具，不得用锤子乱敲。无论是拆卸还是装配，均不得将力施加于外圈上并通过滚动体带动内圈，否则将损坏轴承滚道。

3. 拆卸变速动力箱的方法

有序地拆装变速动力箱，是至关重要的，所以拆卸之前，要先清除表面的尘土及污垢，然后按拆卸的顺序给所有零、部件编号,并登记名称和数量,然后分类、分组保管,避免产生混乱和丢失;拆卸时避免随意敲打造成破坏,并防止碰伤、变形等,以使再装配时仍能保证变速动力箱正常运转。

4. 变速箱拆装步骤及工艺

变速箱拆装步骤及工艺见表 5-3。

表 5-3 变速动力箱的拆装步骤及工艺

工序号	工序名称	实物图	工序内容 序号	工序内容 内容	设备及工艺装备
1	拆卸外部零件		1	松开锁紧螺母,取下输出轴2(9)上齿轮、键、隔套	勾头扳手、活动扳手、三爪拉拔、铜棒
			2	拧下大带轮锁紧螺母,卸下大带轮、长键	
2	拆卸固定轴		3	拧下螺钉,卸下两端闷盖,拧松固定轴(33)上圆螺母,敲出固定轴(33)	勾头扳手、铜棒、内六角扳手、轴承冲击套筒、手锤
			4	卸下固定轴(33)两端圆锥滚子轴承内圈,拧下圆螺母,取下大锥齿轮、小齿轮、键	
			5	卸下箱体上圆锥滚子轴承外圈	
3	拆卸输出轴2		6	拧下螺钉,卸下轴承透盖,将输出轴2(9)与轴承套座取下	勾头扳手、铜棒、内六角扳手
			7	拆下小锥齿轮、键,拧下双圆螺母,取出输出轴2(9)	
			8	拧下螺钉,取出轴承套座中的两个轴承及挡圈	
4	拆卸输入轴		9	拧下螺钉,取下两侧端盖	活动扳手、勾头扳手、铜棒、内六角扳手、轴承冲击套筒、手锤
			10	拧松双圆螺母,敲下输入轴(28)	
			11	卸下轴上的轴承,拧下双圆螺母,取下大小齿轮、键、套筒	
			12	拧下螺钉,卸下轴承套座,取出套座中的三个轴承	
5	拆卸输出轴1		13	拧下螺钉,取下两侧端盖	活动扳手、勾头扳手、铜棒、内六角扳手、轴承冲击套筒、手锤
			14	拧松双圆螺母,敲下输出轴1(3)	
			15	卸下轴两端圆锥滚子轴承内圈,拧下双圆螺母,取下大小齿轮及键	
			16	卸下箱体两侧圆锥滚子轴承外圈	
6	清洗		17	检查、清洗各零件及轴承,用高压空气吹干,摆放整齐	油盆、空压机、钳工常用工量具(煤油、毛刷、润滑油、润滑脂)

任务二 变速动力箱装配

交流讨论
分组讨论变速动力箱的装配步骤。

温馨提示
装配变速动力箱的注意事项

1. 装配变速动力箱的注意事项

（1）装配前的准备工作内容较多，首先读懂变速动力箱的装配图，理解变速动力箱的装配技术要求；了解零件之间的配合关系；检查零件的精度，特别是对配合要示较高部位零件，检查是否达到加工要求；按装配要求配齐所有零件，根据装配要求选用装配时所必需的工具。

（2）按先装配齿轮后装传动轴，先装配内部件后装配外部件，先装配难装配件后装配易装配件的原则，进行变速动力箱零件装配和部件装配。

（3）装配后的变速动力箱，手动转动，检查转动是否灵活，有无卡阻现象。最后要经指导教师检查后才能合上箱盖。

2. 变速动力箱的装配步骤及工艺

变速动力箱的装配步骤及工艺见表5-4。

表5-4 变速动力箱的装配步骤及工艺

工序号	工序名称	实物图	工序内容		设备及工艺装备	辅助材料
			序号	内容		
1	安装输出轴1		1	在输出轴1（3）上安装键、大小齿轮，用双圆螺母锁紧，两端压入圆锥滚子轴承内圈	活动扳手、勾头扳手、铜棒、内六角扳手、轴承冲击套筒、手锤	润滑油、润滑脂
			2	将输出轴1（3）穿入箱体，压入圆锥滚子轴承外圈		润滑油
			3	装上两侧端盖		青稞纸

续表

工序号	工序名称	实物图	序号	内容	设备及工艺装备	辅助材料
2	安装输入轴	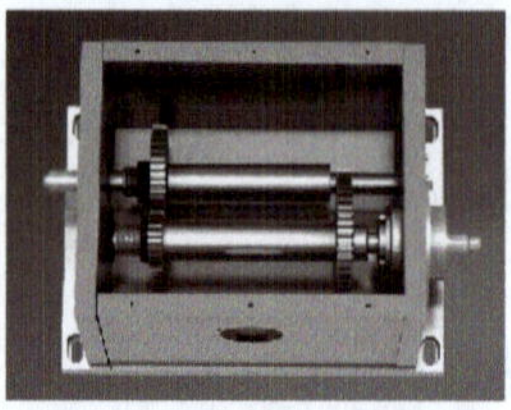	4	在轴承座套1（19）内压入三个轴承，装上透盖	勾头扳手、铜棒、内六角扳手、轴承冲击套筒、手锤	润滑油、润滑脂、青稞纸
			5	在输入轴（28）上安装键、固定齿轮（1）、套筒、齿轮（35），用双圆螺母锁紧		
			6	将输入轴穿入箱体，固定轴承套座，压入另一端深沟球轴承，装上闷盖		润滑油、润滑脂、青稞纸
3	安装固定轴	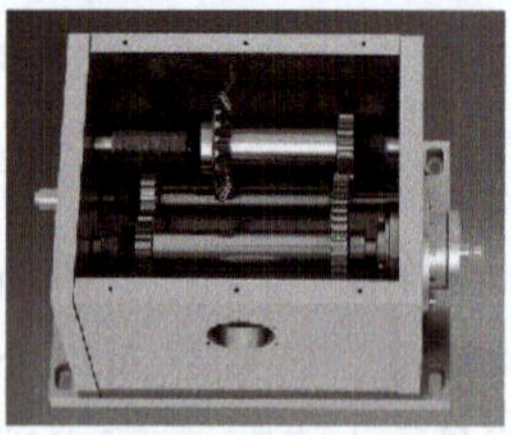	7	在固定轴（33）上装键、大锥齿轮（36）、直齿轮（35），分别用双圆螺母锁紧，两端压入圆锥滚子轴承内圈	活动扳手、勾头扳手、铜棒、内六角扳手、轴承冲击套筒、手锤	润滑油、润滑脂
			8	将固定轴组件穿入箱体，两端压入圆锥滚子轴承外圈，装上两端端盖		润滑油、青稞纸
4	安装输出轴2		9	测量轴承，选配内外隔环，将一对固定端轴承压入轴承座套，穿入输出轴2（9），调整透盖止口尺寸，压紧轴承	活动扳手、勾头扳手、铜棒、内六角扳手、轴承冲击套筒、手锤	润滑油、润滑脂
			10	装上套筒，双圆螺母，锁紧内圈，安装键、小锥齿轮		
			11	将输出轴组件装入箱体，固定轴承座套		润滑油
5	安装外部零件		12	以锥齿轮的背锥面为基准，调整固定轴（33）、输入轴（28）、输出轴1（3）的轴向位置，使齿轮对齐，分别打上闷盖、油盖，调整端盖	活动扳手、内六角扳手、橡皮锤、磁性表座、杠杆百分表	青稞纸
			13	在输出轴2（9）上装上键、大齿轮，用螺母固定		润滑油
			14	在输入轴上装上大带轮、大带轮支承套，调整端面跳动≤0.03 mm后，用内六角螺钉锁紧		
6	总装		15	注油润滑，用手盘动齿轮，保证传动平稳、轻巧		润滑油

3. 装配变速动力箱的检测与调整

1）输出轴1的轴向窜动检测与调整

按照如图5-18所示，在轴端的中心孔处用润滑剂（如黄油）粘上钢珠，将百分表固定在箱体上，使百分表平头紧靠在钢珠上（指针轴线与输出轴1的轴线共线）。手动旋转轴，百分表的最大差值，就是输出轴 1 的轴向窜动误差值。轴向窜动误差值≤ 0.03 mm 时，表示输出轴 1 的轴向窜动误差值符合要求。

图 5-18　输出轴 1 的轴向窜动检测

当轴向窜动误差值＞ 0.03 mm 时，就要进行调整。在输出轴 1 的另一端旋转调整螺柱，通过调整垫片压紧轴承外圈，减小轴向窜动误差。当输出轴 1 被卡死时，也可以逆时针旋转调整螺柱，通过调整垫片增大轴向间隙。如图 5-19 所示。

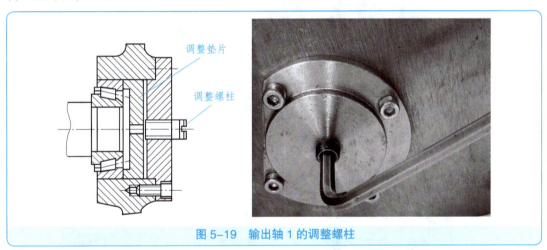

图 5-19　输出轴 1 的调整螺柱

2）输入轴的轴向窜动检测与调整

（1）如图 5-20 所示，用百分表测量输入轴的轴向窜动误差值（方法同上）。轴向窜动误差值≤ 0.02 mm 时，安装合格。

图 5-20　输入轴的轴向窜动检测

当轴向窜动误差值＞0.02 mm 时，就要进行调整。如图 5-21 所示，用专用拆卸工具将输入轴安有带轮的一端轴承盖与大带轮支承套拆下，拆下轴承座套和另一端轴承盖，取出三个轴承和两个隔圈，测量三个轴承与两个隔圈的叠加厚度 e_1［见图 5-22（a）］和青稞纸垫圈厚度 e_2［见图 5-22（b）］，测量轴承盖的止口深度 s_1［见图 5-22（c）］，测量轴承座套的止口深度 s_2［见图 5-22（d）］。

当 -0.05 mm $\leqslant (e_1+s_1)-(e_2+s_2) \leqslant 0$ mm，则装配合格；如实测：

$$e_1 = 43.9 \text{ mm}, \quad e_2 = 0.18 \text{ mm},$$

当 $(e_1+s_1)-(e_2+s_2) > 0$ mm，则装配不合格，需调整。调整有下列两种办法：增减青稞纸垫圈和调换隔圈。

图 5-21 专用拆卸工具拆下轴承盖与大带轮支承套

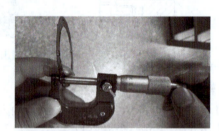

（a）　　　　　　　　　　（b）

（c）　　　　　　　　　　（d）

图 5-22 测量过程

（2）为防止输入轴被卡死，输入轴没有安带轮的一端轴承外圈与轴承盖止口之间要保证大于 0.2 mm 的间隙。如图 5-23（a）所示检测轴承外圈到箱体外表面的尺寸 s_3，测量轴承盖的止口深度 s_4[见图 5-23（b）]。间隙（s_3-s_4）＞ 0.2 mm，则符合要求。否则轴承盖使用青稞纸垫圈。

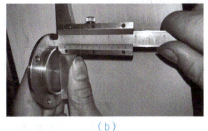

(a)　　　　　　　　　　　(b)

图 5-23　测量 s_3 及 s_4

3）小直齿轮 35 与输出轴 1 上的大直齿轮 49 的端面错位量检测与调整

如图 5-24（a）所示，用直尺和塞尺，测量输入轴上的小直齿轮 35 与输出轴 1 上的大直齿轮 49 的端面错位量，错位量 ≤ 0.5 mm，则装配合格；否则调整：小直齿轮 35 在左，在小直齿轮左侧加垫圈；大直齿轮 49 在左，在大直齿轮左侧加垫圈或旋转输出轴 1 左端的调整螺柱[见图 5-24（b）]。

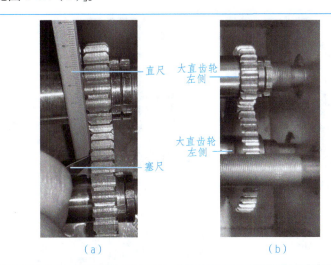

(a)　　　　　　　　　　　(b)

图 5-24　测量端面错位量及旋转调整螺柱

4）输出轴 2 的轴向窜动检测与调整

用百分表测量输出轴的轴向窜动误差值（见图 5-25）。轴向窜动误差值 ≤ 0.02 mm 时，安装合格。

当轴向窜动误差值 ＞ 0.02 mm 时，就要进行调整。如图 5-26 所示，将输出轴 2 一端轴承透盖拆下，取出二个角接触球轴承和内、外隔圈，可以发现角接触球轴承的配置方向是背对背。测量轴承透盖的止口深度 S_a（见图 5-27），测量轴承座套的止口深度 S_b（见图 5-28），测量二个角接触球轴承的叠加厚度 e_a，为保证安装精度，则外隔圈厚度 e_b 的计算公式如下：
$e_b = S_b - S_a - e_a$

实测 $S_b = 69.6$ mm，$S_a = 2.8$ mm，$e_a = 24$ mm，则 $e_b = 69.6 - 2.8 - 24 = 42.8$ mm

必须注意：角接触球轴承内、外隔圈厚度不能相等。

根据角接触球轴承的配置方向和角接触球轴承游隙 Δe 来确定内隔圈厚度 e_c。利用专用工具将角接触球轴承固定（见图 5-29），用百分表测量内、外隔圈高度差（见图 5-30），取平均值（如表 5-5 所示）。

图 5-25 用百分表测量输出轴的轴向窜动误差

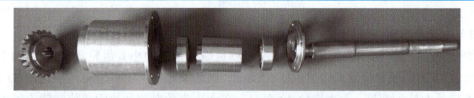

图 5-26 拆下输出轴 2 一端的轴承透盖

图 5-27 测量轴承透盖的止口深度 s_a

图 5-28 测量轴承座套的止口深度 s_b

图 5-29 固定角接触球轴承

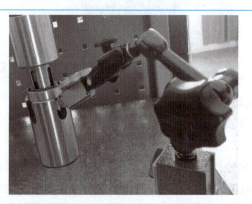

图 5-30 测量内外隔圈高度差

表 5-5　角接触球轴承游隙的测量值（单位是 μm）

测量次数	第一次	第二次	第三次	第四次	平均值
第一个轴承	6	6	4	4	5
第二个轴承	5	5	6	5	5.25

角接触球轴承背对背时，内隔圈厚度计算公式为：$e_c = e_b - (\Delta e_1 + \Delta e_2) - 0.03$

则：$e_c = 42.8 - 0.10 - 0.03 = 42.67$ mm

根据以上计算，选配内、外隔圈厚度。可以考虑在轴承透盖处增减青稞纸垫圈调整内、外隔圈厚度。保证 -0.05 mm $\leq (e_b + e_a) - (S_b - S_a) \leq 0$ mm。

5）固定传动轴上的小直齿轮与输入轴 1 上的固定大齿轮 1 的端面错位量检测与调整

用直尺和塞尺，测量固定传动轴上的小直齿轮与输入轴 1 上的固定大齿轮 1 的端面错位量，错位量 ≤ 0.5 mm，则装配合格；否则调整：小直齿轮在左，顺时针旋转固定传动轴一端的调整螺柱；小直齿轮在右，逆时针旋转固定传动轴一端的调整螺柱或小直齿轮右侧加垫圈。

6）锥齿轮副的侧隙与背锥错位量的检测与调整

测量大小锥齿轮的背锥端面错位量，错位量 ≤ 0.5 mm，则装配合格；

如图 5-31 所示，固定输出轴 2，将百分表测头放置在大轮齿面大端节圆处，方向垂直于齿表面，通过晃动大轮量得锥齿轮副侧隙，侧隙的大小在 0.03～0.08 mm，则锥齿轮副的侧隙合格。

如果背锥端面错位量或锥齿轮副侧隙不合格，调整方法如下：在小锥齿轮上端增减不同厚度的调整垫片；大锥齿轮外侧增减不同厚度的调整垫片。

图 5-31　测量锥齿轮副侧隙

7）大带轮径向圆跳动的检测与调整

按照图 5-32 所示，将百分表固定在箱体上，使百分表表头放置在大带轮的圆表面，方向垂直于大带轮圆表面，通过旋转大带轮得带轮径向圆跳动，大带轮径向圆跳动小于 0.05 mm，则带轮径向圆跳动合格。

如果大带轮径向圆跳动大于 0.05 mm，则将带轮的支承螺钉松开（见图 5-33），用棒轻击大带轮高处，使带轮径向圆跳动达到要求。

图 5-32　测大带轮径向圆跳动

图 5-33　松开带轮的支承螺钉

项目评价

变速动力箱拆装实训评分表如表 5-6 所示。

表 5-6 变速动力箱拆装实训评分表

类型	项次	项目与技术要求	配分	评定方法	实测记录	得分
过程评价 40%	1	能熟练查阅相关资料	10	否则扣 10 分		
	2	能正确制订拆装工艺路线	10	每错一项扣 2 分		
	3	能正确选用相关工、量、刃具	5	每选错一样扣 1 分		
	4	操作熟练，姿势正确	5	发现一项不正确扣 2 分		
	5	安全文明生产、劳动纪律执行情况	10	违者扣 10 分		
实训质量评价 60%	1	大锥齿轮（36）与小锥齿轮（39）的齿侧间隙 0.03～0.08 mm	15	超差不得分		
	2	大齿轮（1）与小齿轮（35）的端面轴向错位量≤ 0.5 mm	5	超差不得分		
	3	输入轴（28）的轴向窜动≤ 0.02mm	15	超差不得分		
	4	输入轴（28）的轴肩处径向跳动≤ 0.02 mm	5	超差不得分		
	5	动力箱运转灵活，啮合齿轮啮合正确，转动平稳	10	不符合要求每处扣 0.5～1 分		
	6	写出更换大锥齿轮（36）装配工艺	10			

项目拓展

带传动的装配和调整

一、带传动的组成

带传动由主动带轮 1、从动带轮 2 和挠性带 3 组成，借助带与带轮之间的摩擦或啮合，将主动带轮 1 的运动传给从动带轮 2，如图 5-34 所示。

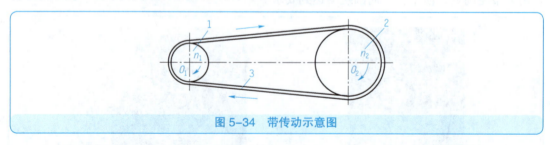

图 5-34 带传动示意图

二、带传动的类型

根据工作原理不同，带传动可分为摩擦带传动和啮合带传动两类。

1. 摩擦带传动

摩擦带传动是依靠带与带轮之间的摩擦力传递运动的。按带的横截面形状不同可分为四种类型，如图 5-35 所示。

（1）平带传动。平带的横截面为扁平矩形［见图 5-35（a）］，内表面与轮缘接触为工作面。常用的平带有普通平带（胶帆布带）、皮革平带和棉布带等，在高速传动中常使用麻织带和丝织带。其中以普通平带应用最广。平带可适用于平行轴交叉传动和交错轴的半交叉传动。

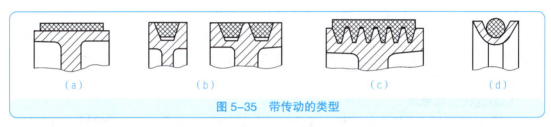

图 5-35 带传动的类型

（2）V 带传动。V 带的横截面为梯形，两侧面为工作面［见图 5-35（b）］，工作时 V 带与带轮槽两侧面接触，在同样压力 FQ 的作用下，V 带传动的摩擦力约为平带传动的三倍，故能传递较大的载荷。

（3）多楔带传动。多楔带是若干 V 带的组合［见图 5-35(c)］，可避免多根 V 带长度不等，传力不均的缺点。

（4）圆形带传动。横截面为圆形［见图 5-35（d）］，常用皮革或棉绳制成，只用于小功率传动。

2. 啮合带传动

啮合带传动依靠带轮上的齿与带上的齿或孔啮合传递运动。啮合带传动有两种类型，如图 5-36 所示。

（1）同步带传动。利用带的齿与带轮上的齿相啮合传递运动和动力，带与带轮间为啮合传动没有相对滑动，可保持主、从动带轮线速度同步［见图 5-36（a）］。

（2）齿孔带传动。带上的孔与轮上的齿相啮合，同样可避免带与带轮之间的相对滑动，使主、从动带轮保持同步运动［见图 5-36（b）］。

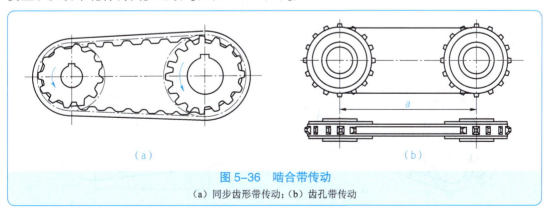

图 5-36 啮合带传动
（a）同步齿形带传动；(b) 齿孔带传动

三、带传动的特点

摩擦带传动具有以下特点：

（1）结构简单，适用于两轴中心距较大的场合。

（2）胶带富有弹性，能缓冲吸振，传动平稳无噪声。

（3）过载时可产生打滑、能防止薄弱零件的损坏，起安全保护作用。但不能保持准确的传动比。

（4）传动带需张紧在带轮上，对轴和轴承的压力较大。

（5）外廓尺寸大，传动效率低（一般为 0.94～0.96）。

根据上述特点，带传动多用于：中、小功率传动（通常不大于 100 kW），原动机输出轴的第一级传动（工作速度一般为 5～25 m/s），传动比要求不十分准确的机械。

四、V 带和带轮

1. 带的构造和标准

标准 V 带都制成无接头的环形，其横截面由强力层 1、伸张层 2、压缩层 3 和包布层 4 构成，如图 5-37 所示。伸张层和压缩层均由胶料组成，包布层由胶帆布组成，强力层是承受载荷的主体，分为帘布结构（由胶帘布组成）和线绳结构（由胶线绳组成）两种。帘布结构抗拉强度高，一般用途的 V 带多采用这种结构。线绳结构比较柔软，弯曲疲劳强度较好，但拉伸强度低，常用于载荷不大，直径较小的带轮和转速较高的场合。V 带在规定张紧力下弯绕在带轮上时外层受拉伸变长，内层受压缩变短，两层之间存在一长度不变的中性层，沿中性层形成的面称为节面，如图 5-38 所示。节面的宽度称为节宽 b_p。节面的周长为带的基准长度 L_d。

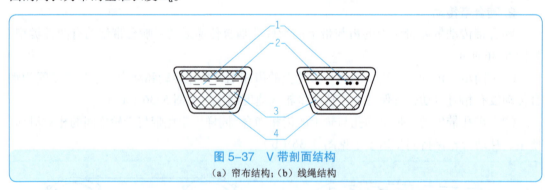

图 5-37 V 带剖面结构
（a）帘布结构；（b）线绳结构

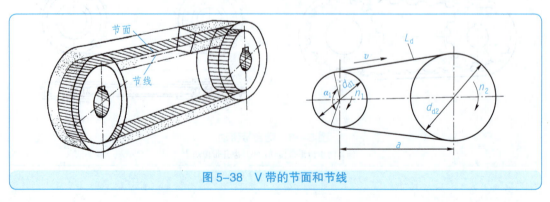

图 5-38 V 带的节面和节线

V 带和带轮有两种尺寸制，即有效宽度制和基准宽度制。基准宽度制是以 V 带的节宽为特征参数的传动体系。普通 V 带和 SP 型窄 V 带为基准宽度制传动用带。

按 GB/T11544-1997 规定，普通 V 带分为 Y、Z、A、B、C、D、E 七种，截面高度与节宽的比值为 0.7；窄 V 带分为 SPZ、SPA、SPB、SPC 四种，截面高度与节宽的比值为 0.9。带的截面尺寸见表 5-7。窄 V 带的强力层采用高强度绳芯，能承受较大的预紧力，且可挠曲次数增加，当带高与普通 V 带相同时其带宽较普通 V 带小约 1/3，而承载能力可提高 1.5～2.5 倍。在传递相同功率时，带轮宽度和直径可减小，费用比普通 V 带降低 20%～40%，故应用日趋广泛。V 带的型号和标准长度都压印在胶带的外表面上，以供识别和选用。

例：B2240 GB/T 11544—1997，表示 B 型 V 带，带的基准长度为 2240 mm。

表 5-7 V 带的截面尺寸（摘自 GB/T 11544—1997）   单位：mm

带型		节宽 b_p	顶宽 b	高度 h	质量 q /kg·m^{-1}	楔角 θ
普通 V 带	窄 V 带					
Y		5.3	6	4	0.03	40°
Z	SPZ	8.5	10	6 8	0.06 0.07	
A	SPA	11.0	13	8 10	0.11 0.12	
B	SPB	14.0	17	11 14	0.19 0.20	
C	SPC	19.0	22	14 18	0.33 0.37	
D		27.0	32	19	0.66	
E		32.0	38	23	1.02	

注：在一列中有两个数据的，左边一个对应普通 V 带、右边一个对应窄 V 带。

2. V 带轮的材料和结构

制造 V 带轮的材料可采用灰铸铁、钢、铝合金或工程塑料，以灰铸铁应用最为广泛。当带速 v 不大于 25 m/s 时，采用 HT150，$v > 25～30$ m/s 时采用 HT200，速度更高的带轮可采用球墨铸铁或铸钢，也可采用钢板冲压后焊接带轮。小功率传动可采用铸铝或工程塑料。

带轮由轮缘、轮辐、轮毂三部分组成。

V 带轮按轮辐结构不同分为四种型式，如图 5-39 所示。

带轮基准直径 $d_d \leq (2.5～3) d_0$（d_0 为带轮轴直径）时，可采用 S 型［实心带轮，图 5-39（a）］；当 $d_d \leq 300$ mm 时，可采用 P 型［腹板式带轮，图 5-39（b）］；当 $d_d - d_1 \geq 100$ mm 时，可采用 H 型［孔板式带轮，图 5-39（c）］；当 $d_d > 300$ mm 时可采用 E 型［轮辐式带轮，图 5-39（d）］。每种型式根据轮毂相对腹板（轮辐）位置不同分为Ⅰ、Ⅱ、Ⅲ等几种。

项 目 五

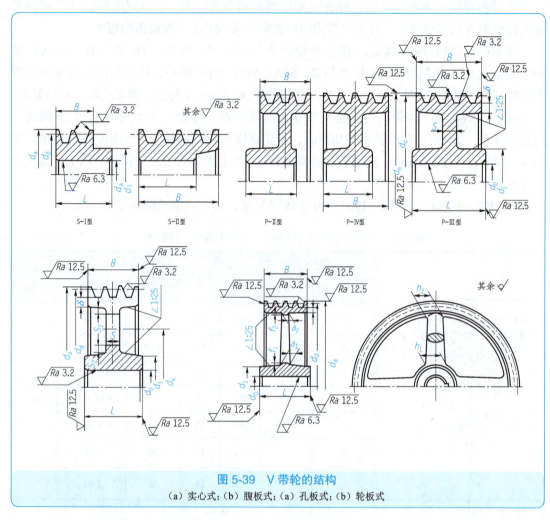

图 5-39 V 带轮的结构
（a）实心式；（b）腹板式；（a）孔板式；（b）轮板式

五、带传动的张紧与调整

带传动的张紧程度对其传动能力、寿命和轴压力都有很大的影响。常用张紧方法有以下几种：

1. 调整中心距法

（1）定期张紧。如图 5-40 所示，将装有带轮的电动机 1 装在滑道 2 上，旋转调节螺钉 3 以增大或减小中心距从而达到张紧或松开的目的。图 5-41 为把电动机 1 装在摆动底座 2 上，通过调节螺钉 3 调节中心距达到张紧的目的。

（2）自动张紧。把电动机 1 装在如图 5-42 所示的摇摆架 2 上，利用电动机的自重，使电动机轴心绕铰点 A 摆动，拉大中心距达到自动张紧的目的。

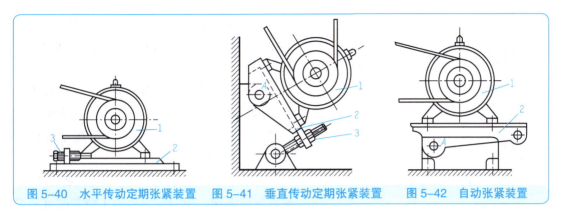

图 5-40　水平传动定期张紧装置　　图 5-41　垂直传动定期张紧装置　　图 5-42　自动张紧装置

2. 张紧轮法

带传动的中心距不能调整时，可采用张紧轮法。如图 5-43（a）所示为定期张紧装置，定期调整张紧轮的位置可达到张紧的目的。如图 5-43（b）所示为摆锤式自动张紧装置，依靠摆捶重力可使张紧轮自动张紧。

V 带和同步带张紧时，张紧轮一般放在带的松边内侧并应尽量靠近大带轮一边，这样可使带只受单向弯曲，且小带轮的包角不致过分减小。如图 5-43（a）所示定期张紧装置。

平带传动时，张紧轮一般应放在松边外侧，并要靠近小带轮处。这样小带轮包角可以增大，提高了平带的传动能力。

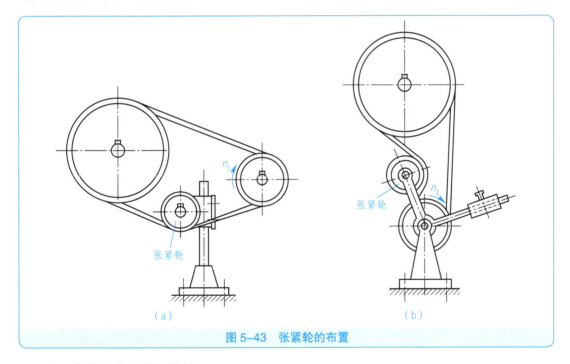

图 5-43　张紧轮的布置

六、带传动的安装与维护

正确的安装和维护是保证带传动正常工作、延长胶带使用寿命的有效措施，一般应注意以下几点：

（1）平行轴传动时各带轮的轴线必须保持规定的平行度。V 带传动主、从动带轮轮

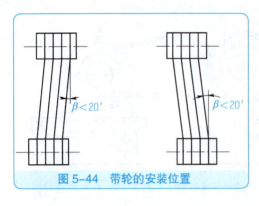

图 5-44 带轮的安装位置

槽必须调整在同一平面内,误差不得超过 20′,否则会引起 V 带的扭曲使两侧面过早磨损。如图 5-44 所示。

（2）套装带时不得强行撬入。应先将中心距缩小,将带套在带轮上,再逐渐调大中心距拉紧带,直至所加测试力 G 满足规定的挠度 $y=1.6a/100$ 为止。

（3）多根 V 带传动时,为避免各根 V 带载荷分布不均,带的配组公差（请参阅有关手册）应在规定的范围内。

（4）对带传动应定期检查、及时调整,发现损坏的 V 带应及时更换,新旧带、普通 V 带和窄 V 带、不同规格的 V 带均不能混合使用。

（5）带传动装置必须安装安全防护罩。这样既可防止绞伤人,又可以防止灰尘、油及其他杂物飞溅到带上影响传动。

典型冷冲模拆装实训

项目导入

冷冲模是企业生产中最为常见的一个工艺装备。通过对冷冲模的拆装，让学生了解模具的类型及基本结构；掌握冷冲模拆装方法及步骤；熟悉冷冲模中各零部件的结构和作用；熟练使用各种拆装工具；培养学生分析问题和解决问题的能力。冷冲模的拆装具有交互性好、真实感强的教学特点，是任何教学演示手段（如动画）都无法替代的。学生只有亲自动手，而不是被动地观看，才能达到正确理解、深刻记忆的学习效果。

知识储备

一、典型冷冲模的工作原理

对于单工序模具来讲，模具的上模通过模柄与冲床滑块相连接，下模通过压板固定在冲床工作台上。在冲压时，条料放在下模工作面上，依靠挡料装置送进定位，利用冲床滑块向下运动，压料板（弹压卸料板等）利用橡胶（弹簧）先压住板料，接着凸模冲落凹模上面的条料，使其一分为二。这时一部分卡在凹模与顶块之间，另一部分紧紧箍在凸模上。在上模回升时，卡在凹模中的材料由顶块靠顶板借助橡胶（弹簧）的弹力从凹模洞口中顶出；同时箍在凸模上的条料，由卸料板靠橡胶（弹簧）的弹力卸掉，至此完成整个冲裁的过程。再将条料送进一个步距，进行下一次冲裁，如此往复进行。

> **查阅资料**
> 单工序模具是什么样的结构？

二、冷冲模的功用及结构特点

1. 冷冲模概念

冷冲压是建立在金属塑性变形的基础上，在常温下利用安装在压力机上的模具对材料施加压力，使其产生分离或塑性变形，从而获得一定形状、尺寸和性能的零件的一种压力加工方法，所使用到的模具称为冷冲模。

2. 冷冲模特点

冷冲模具有节省材料、制品互换性好；可加工壁薄、形状复杂、重量轻、表面质量好、刚性好的制件；生产效率高、操作简单；批量生产成本低等特点。

3. 冷冲模的分类

（1）根据工艺性质可分以下几类：

① 冲裁模。沿封闭或敞开的轮廓线使材料产生分离的模具。例如落料模、冲孔模、切断模、切口模、切边模、剖切模等，如图6-1所示。

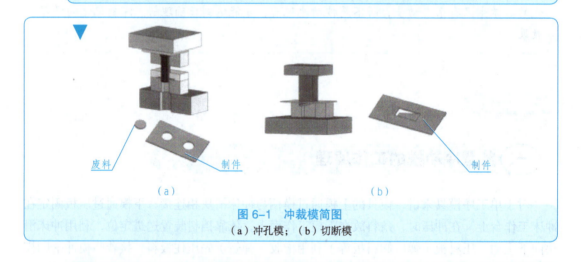

图6-1 冲裁模简图
(a) 冲孔模；(b) 切断模

② 弯曲模。使板料毛坯或其他坯料沿着直线（弯曲线）产生弯曲变形，从而获得一定角度和形状的工件的模具，如图6-2所示。

③ 拉深模。把板料毛坯制成开口空心件，或使空心件进一步改变形状和尺寸的模具，如图6-3所示。

④ 成型模。将毛坯或半成品工件按凸、凹模的形状直接复制成型，而材料本身仅产生局部塑性变形的模具。例如胀形模、缩口模、扩口模、起伏成型模、翻边模、整形模等。

图 6-2 弯曲模简图
（a）V 形弯曲；（b）卷边模

图 6-3 拉深模简图

> **查阅资料**
> 还有哪些成型模，它们的结构又如何？

（2）根据工序组合程度可分为以下几类：

① 简单模。如图 6-4 所示，在压力机的一次行程中，在同一工位上只能完成一道冲压工序的模具。

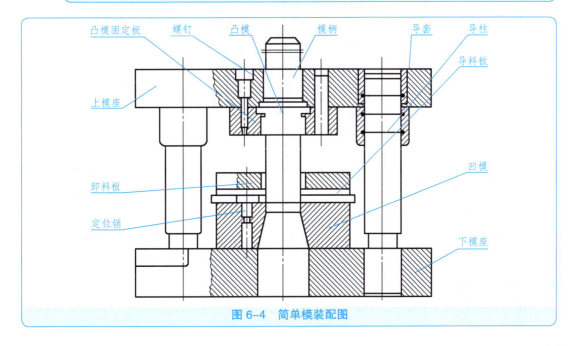

图 6-4 简单模装配图

147

② 复合模。如图6-5所示，在压力机的一次行程中，在同一工位上同时完成两道或两道以上冲压工序的模具。

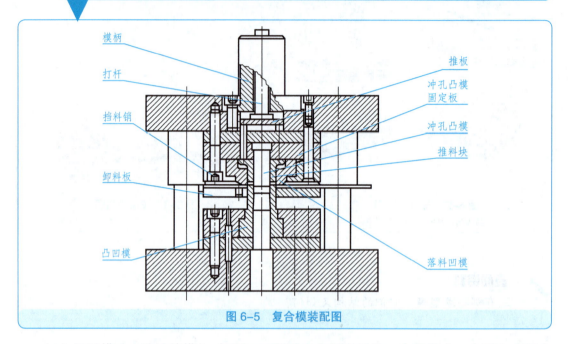

图6-5 复合模装配图

（3）级进模（也称连续模）。如图6-6所示，在压力机的一次行程中，在两个或两个以上的工位上同时完成两道或两道以上冲压工序的模具。

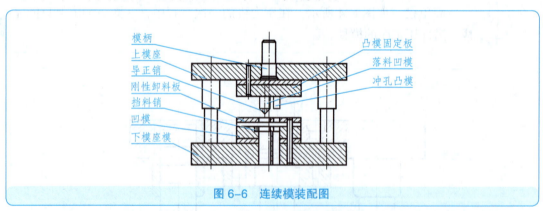

图6-6 连续模装配图

（4）按上、下模的导向方式可分为无导向的敞开模和有导向的导板模、导柱模。
（5）按凸、凹模的结构和布置方法可分为整体模和镶拼模，以及正装模和倒装模。
（6）按自动化程度可分为手工操作模、半自动模、自动模。

冷冲模分类的方法有很多种，上述的各种分类方法从不同的角度反映了模具结构的不同特点。

4. 冷冲模的基本结构

按冷冲压模具零部件的功用一般分为工艺结构零件和辅助结构零件，其分类图如

图 6-7 所示。

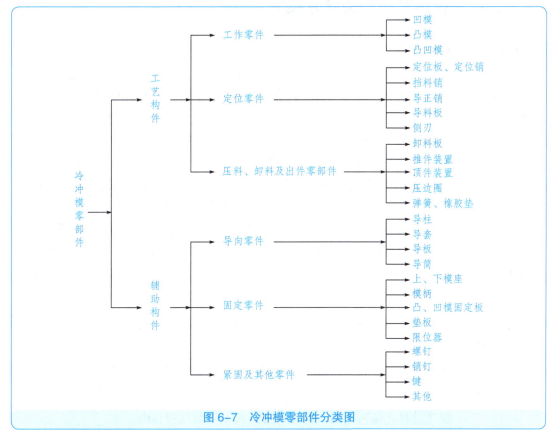

图 6-7　冷冲模零部件分类图

1）工艺结构零件

（1）工作零件。直接参加冲压工作的零件，包括凸模、凹模、凸凹模。

（2）定位零件。保证板料(或毛坯)在冲裁模中具有准确位置的零件,包括挡料销、导尺、侧刃、导正销等。

（3）压料、卸料及出件零部件。保证工件平整或使断裂分离后的各个材料能够从各零部件上顺利分离开的零件，包括压边圈、卸料板、顶出装置、卸料装置、弹簧、橡胶等。

2）辅助结构零件

（1）导向零件、模架零件。保证上、下模正确运动，不至于使上、下模位置产生偏移的零件，包括导柱、导套和导板等。

（2）固定支撑零件。支撑零件是连接和固定工作零件，包括模座、垫板、固定板、模柄等。

（3）紧固及其他零件。连接和紧固各类零件为一体的零件，包括各种螺钉、销钉、键等。

> **观察思考**
> 复合模由哪些零件组成，分别属于什么功能类型的零件？

项目六

三、冷冲模拆装的相关技术要求

1. 冷冲模拆装概念

冷冲模的拆装是冷冲模制造及维护过程中的重要环节。一方面，冷冲模本身就是组合装备，冷冲模零件加工后必须经过装配才能使用；另一方面，冷冲模在使用过程中的维修和维护也需要通过拆装才能实现。因此，冷冲模拆装不仅是模具教学中的有效手段，更是模具制造岗位必须掌握的工作技能。

冷冲模装配是指将完成全部加工，经检验符合图纸和有关技术要求的冷冲模标准件、标准模架、成型件、结构件，按总装配图的技术要求和装配工艺顺序逐件进行配合、修整、安装和定位，经检验合格后，加以连接和紧固，使之成为整套模具的过程。

冷冲模拆卸为冷冲模装配的逆过程，即将冷冲模零件从已装配的组件上逐件拆卸。一般对于在生产中的冷冲模零件进行拆卸主要是在冷冲模装配的配模时对模具进行维修、维护或更换某些零件。

冷冲模装配在精度方面的主要要求如下：

（1）保证冲裁间隙的均匀性，这是冷冲模装配合格的关键。

（2）保证导向零件导向良好，卸料装置和顶出装置工作灵活有效。

（3）保证排料孔畅通无阻，冲压件或废料不卡留在模具内。

（4）保证其他零部件间满足一定的相互位置精度等。

2. 冷冲模拆装工具的使用

1）扳手

扳手的类型有许多种，下面简述机械行业中钳工常用的几种扳手。

（1）活络扳手。活络扳手开口宽度可以调节，用于拧紧或松开一定尺寸范围内的六角头或方头螺栓、螺钉和螺母。该扳手通用性强，使用广泛，但使用不太方便，拆卸与安装效率低，不适合专业生产与安装，如图6-8所示。

（2）标准扳手（呆扳手）。标准扳手有双头标准扳手和单头标准扳手两种，规格以头部开口宽度尺寸来表示，用于拧紧或松开具有一种或两种规格尺寸的六角头及方头螺栓、螺钉和螺母。在螺母或螺栓工作空间足够时使用起来非常方便和顺手，拆卸与安装效率高，在专业生产与安装场合应用较普遍，如图6-9所示。

（3）梅花扳手。梅花扳手有双头梅花扳手（见图6-10）和单头梅花扳手两种。规格以螺母六角头头部对边距离来表示，有单边，也有成套配置。梅花扳手用于拧紧或松开六角头及方头螺栓、螺钉和螺母，特别适用于工作空间狭窄、位于凹处、不能容纳双头标准扳手的工作场合。

图 6-8　活络扳手　　　　　图 6-9　呆扳手

（4）内六角扳手。内六角扳手规格以内六角螺栓头部的六角对边距离来表示，是专门用来紧固或拆卸内六角螺栓的工具，有公制（米制）和英制两种。公制规格有 1.5（螺栓 M2）、2（螺栓 M2.5）、2.5（螺栓 M3）、3（螺栓 M4）、4（螺栓 M5）、5（螺栓 M6）、6（螺栓 M8）、8（螺栓 M10）、10（螺栓 12）、12（螺栓 M14）、14（螺栓 16）、17（螺栓 M20）、19（螺栓 M24）、22（螺栓 M30）、27（螺栓 M36），如图 6-11 所示。

图 6-10　梅花扳手　　　　　图 6-11　成套内六角扳手

（5）套筒扳手。套筒扳手的套筒头规格以螺母或螺栓的六角头对边距离来表示，套筒扳手由各种套筒头、传动附件和连接件组成。该扳手具有一般扳手紧固或拆卸六角头螺栓、螺母的功用外，特别适用于各种特殊位置和维修与安装各种空间狭窄的位置，如螺钉头或螺母沉入凹坑中，如图 6-12 和图 6-13 所示。

图 6-12　成套套筒扳手组合　　　　　图 6-13　单个套筒扳手

温馨提示

扳手使用注意事项如下：

所选用的扳手在拧紧螺母或螺栓时，应选用合适的扳手，禁止扳口加垫或扳把接管,优先选用标准扳手或梅花扳手,扳手不能当作手锤用。使用活络扳手应把死面作为着力点,活面作为辅助面;使用电动扳手应按手持式电动工具有关规定执行,爪部变形或破裂的扳手,不准使用;5号以上的内六角扳手允许使用长度合适的管子接长扳手,拧紧时注意扳手脱出,以防手或头等人体部位造成伤害。

2)旋具

(1)一字、十字形螺钉旋具。一字、十字形螺钉旋具又称螺丝刀,用于拧紧或松开头部具有一字形或十字形沟槽的螺钉。木柄和塑料柄螺钉旋具分普通和穿心式两种。穿心式能承受较大的扭矩,并可在尾部用手锤敲击。方形旋杆螺钉可选取相应扳手夹住旋杆,以增大力矩,如图6-14所示,其使用方法如图6-15所示。

图6-14 穿心式螺钉旋具　　　　图6-15 螺钉旋具的使用方法

(2)多用螺钉旋具。用于拧紧或松开头部带有一字形或十字形沟槽的螺钉、木螺钉,钻木螺钉孔眼,并兼作测电笔用,如图6-16所示。机用十字形螺钉旋具使用在电动、风动工具上,可大幅度提高生产效率。充电式起子机如图6-17所示。

图6-16 螺钉旋具　　　　图6-17 充电式起子机

>
> **温馨提示**
>
> 旋具使用注意事项如下:
>
> 应根据拧紧或松开的螺钉头部的槽宽和槽形选用适当的螺丝刀,不能用较小的螺丝刀去旋拧较大的螺钉,十字螺丝刀用于旋紧或松开头部带十字槽的螺钉,对十字形槽螺钉尽量不用一字形螺丝刀,否则拧不紧甚至会损坏螺钉槽。对于受力较大或螺钉生锈难以拆卸的时候,可选用方形旋杆螺钉旋具,以便能用扳手夹住旋杆扳动,增大力矩。旋具不得当作錾子撬开缝隙或剔除金属毛刺及其他物体。

3)手钳类工具

(1)钢丝钳。钢丝钳于夹持、折弯薄片形、圆柱形金属零件及绑、扎、剪断钢丝,是钳工必备工具，如图 6-18 所示。

（2）尖嘴钳。尖嘴钳用于较窄小的工作空间操作，支持较小零件及绑、扎细钢丝。带刃尖嘴钳还可用于剪断金属钢丝，是机械、仪表、电信器材等装配及修理工作常用的工具，如图 6-19 所示。

图 6-18　钢丝钳　　　　　　　　　图 6-19　尖嘴钳

（3）管子钳。管子钳用于夹持、紧固、拆卸各种圆形钢管及棒类等圆柱形工件的安装、修整工作。在安装、拆卸大型模具时也经常使用。其规格指夹持管子最大外径时管子钳全长，如图 6-20 所示。

（4）大力钳（多用钳）。大力钳用于夹持零件配钻、铆接、焊接、磨削、拆卸及安装等工作，是模具或维修钳工经常使用的工具，如图 6-21 所示。大力钳钳口有多挡调节位置，供夹紧不同厚度的零件。使用时应首先调整尾部螺栓到合适位置，通常要经过多次调整才能达到最佳位置。

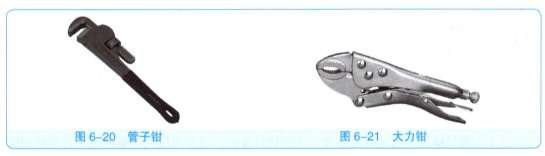

图 6-20　管子钳　　　　　　　　　图 6-21　大力钳

温馨提示

手钳类工具使用注意事项如下：

使用时应擦干净钳子上的油污，以免工作时滑脱。弯形或剪断小的工件时，应当把工件夹紧。管子钳使用要选择合适的规格，钳头开口要等于工件的直径，钳头要卡紧工件后再用力扳，管子钳牙和调节环要保持清洁，防止打滑伤人。不能用大力钳或管子钳代替扳手松紧螺栓螺母，以免损坏扳手棱角与平面。

4）紧类工具

（1）台虎钳。台虎钳安装在钳工台上，是钳工必备的用来夹持各种工件的通用工具，有固定式和回转式两种。其规格以钳口的宽度来表示，常用的有 75 mm、100 mm、125 mm、150 mm 等，如图 6-22 所示。

温馨提示

台虎钳使用注意事项如下：

在夹紧工件时只许用手的力量扳动手柄，绝不许用锤子或其他套筒扳动手柄，以免丝杆、螺母或钳身损坏。不能在钳口上敲击工件，而应该在固定钳身的平台上，否则会损坏钳口。

（2）机用平口钳。机用平口钳规格以钳口宽度表示，如图6-23所示。安装在铣、刨、磨、钻等加工机械的工作台上，适合装夹形状规则的小型工件。使用时先把平口钳固定在机床工作台上，将钳口用百分表找正，然后再装夹工件。

图6-22　台虎钳

图6-23　机用平口钳

温馨提示

机用平口钳使用注意事项如下：

在机用平口钳上装夹工件应注意工件的待加工表面必须高于钳口，以免刀具碰伤钳口，若工件高度不够，可用平行垫铁把工件垫高，再进行加工。

（3）压板、螺栓。当工件尺寸较大或形状特殊时，可使用压板、螺栓把工件直接固定在工作台上进行加工，安装时应找正位置，如图6-24所示。

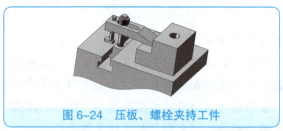
图6-24　压板、螺栓夹持工件

温馨提示

压板、螺栓使用注意事项如下：

在使用压板、螺栓装夹工件的操作过程中，应注意压板的压点靠近加工面，压力大小要合适。

（4）手虎钳（手拿钳）。手虎钳是钳工夹持轻巧工件以便进行加工的一种手持工具，是模具钳工和工具钳工常用的夹紧工具。钳口宽度有 25 mm、40 mm、50 mm 三种，如图 6-25 所示。

> **温馨提示**
> 手虎钳使用注意事项如下：
> 装夹工件前首先旋松蝶形螺母，调整钳口到合适宽度，放入工件并旋紧蝶形螺母，检查确保夹紧后即可进行钻孔等操作。

（5）钳用精密平口钳。钳用精密平口钳是模具钳工、工具钳工及精密平面磨加工常用的夹紧工具，如图 6-26 所示。

图 6-25　手虎钳　　　　　　　　图 6-26　钳用精密平口钳

（6）平行垫铁。平行垫铁为两块等高的垫铁，工件在钻床上垫平后钻孔用，调节冷冲模上下或塑料动定模之间的距离用，调整凸凹模间隙用，如图 6-27 所示。

（7）平行夹。平行夹一般成对使用，将两块或几块平行的板料夹在一起引孔或装调模具时夹紧用，如图 6-28 所示。

图 6-27　平行垫铁　　　　　　　　图 6-28　平行夹

5）其他工具

（1）吊环螺钉。吊环螺钉配合起重机，用来吊装模具、设备等重物，是重物起吊不可缺少的配件。规格以螺钉头部螺纹大小表示，如图 6-29 所示。

（2）起重卸扣。起重卸扣、吊环、钢丝绳是配合起重机吊起重物最常用的配件，特别是在模具车间、注塑车间、冲压车间用来吊起大型模具时应用最多，如图 6-30 所示。

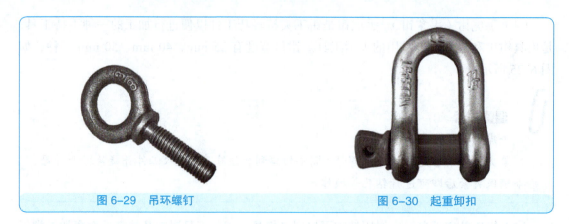

图 6-29　吊环螺钉　　　　　　　　图 6-30　起重卸扣

 温馨提示

起重卸扣使用注意事项如下：

起重卸扣选用合适规格拧入塑料模具螺钉孔内，钢丝绳不应有生锈、断线、明显变形等异常现象，起重卸扣应配合锁紧，U形环变形或销子损坏不得使用。

（3）钳工手锤与铜棒。钳工常用手锤有斩口锤、圆头锤等。锤的大小用锤的质量来表示，斩口锤用于金属薄板的敲平、翻边等，圆头锤用于较重的打击。木槌、橡皮锤、铜棒是钳工装配模具与拆卸模具必不可少的工具，如图6-31所示。

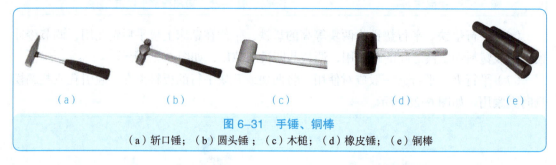

图 6-31　手锤、铜棒
（a）斩口锤；（b）圆头锤；（c）木槌；（d）橡皮锤；（e）铜棒

 温馨提示

钳工手锤与铜棒使用注意事项如下：

在装配和修磨过程中，禁止使用铁锤敲打模具零件，而应视情况选用木槌、橡皮锤或铜棒敲打，其目的就是防止模具零件被打至变形。铜棒材料一般使用紫铜。

（4）撬杠、拔销器、油压千斤顶。

①撬杠。撬杠主要用于搬运、翘起笨重物品，而模具拆卸常用的有通用撬杠和钩头撬杠两种，如图6-32和图6-33所示。

图 6-32　通用撬杠　　　　　　　　图 6-33　钩头撬杠

②拔销器。拔销器是取出带螺纹内孔销钉所用的工具，主要用于盲孔销或大型设备、大型模具的销钉拆卸，如图 6-34 所示。既可以拔出直销钉又可以拔出锥度销钉。当销钉没有螺纹孔时，需钻攻螺纹孔后方能使用。拔销器在使用时首先把拔销器的双头螺栓旋入销钉螺纹孔内，深度足够时，双手握紧冲击手柄到最低位置，向上用力冲撞杆台肩，反复多次冲击即可取出销钉，起销效率高。

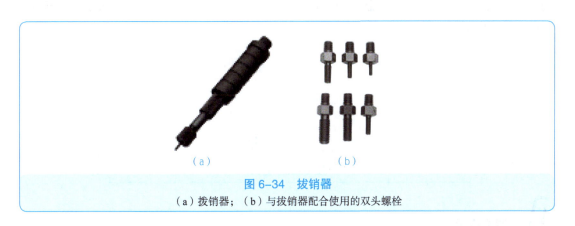

(a)　　　　　　　　(b)

图 6-34　拔销器
(a) 拔销器；(b) 与拔销器配合使用的双头螺栓

③油压千斤顶。对于较大型冲压模具，若导向机构采用滚珠导柱和导套时，开模与合模时都比较顺畅，此时不需要开模工具，用吊车配钢丝绳可直接打开模具。若导向机构采用滑动导柱和导套，此时用吊车、钢丝绳分离上下模具将非常困难。采用 4 个同型号（通常 2 t 左右）的油压千斤顶，如图 6-35 所示。分别支撑在导柱、导套旁边，2 人或 4 人同步操作，在开模过程中不断测量升起高度，从而确保平行开模。

图 6-35　油压千斤顶

温馨提示

油压千斤顶使用注意事项如下：

　　对于较大或难以分开的模具使用撬杠在四周均匀用力平行撬开，严禁用蛮力倾斜开模，造成模具精度降低或损坏。拔销器的双头螺栓旋入销钉螺纹孔内，深度不能太浅，否则容易拉坏。选用合适的油压千斤顶开模，模具顶起以后，应在重物下适当位置垫以坚韧的木料支撑，以防万一千斤顶失灵而造成危险。欲使活塞杆下降，只需用手柄开槽端将回油阀杆按逆时针方向微微旋松，活塞杆即缓缓下降。

（5）塞尺。塞尺又叫厚薄规，用来检验两个结合面之间间隙大小的片状量规。塞尺有两个平行的测量平面，其长度制成 50 mm、100 mm 和 200 mm，由若干片叠合在夹板里，如图 6-36 所示。

图 6-36　塞尺

温馨提示

塞尺使用注意事项如下：

　　使用时根据间隙的大小，可用一片或数片重叠在一起插入间隙内。塞尺片有的很薄，容易弯曲和折断，测量时用力不能太大。不能测量温度较高的工件。用完后要擦拭干净，及时合到夹板中去。

3. 冷冲模零件在拆装过程中的安全

拆装过程中冷冲模零件不能损坏、丢失、降低零件精度和表面粗糙度。以下列举一些常见的注意事项：

（1）在零件传递时，应尽量不用手握一些表面要求和精度较高的部位。

（2）零件在拆卸之后或安装之前要进行防锈、防腐处理。

（3）在装夹零件时，夹具和零件的接触面处夹具的硬度必须比零件的硬度小，最好的办法是在夹具上垫上黄铜垫片以免损伤零件表面。

(4) 在安装需要经敲打装入的零件时，用于敲打的物件的硬度不可大于模具零件。例如不可用铁锤等硬物，一般情况下用铜棒即可。

(5) 在安装螺钉时，螺钉必须拧得足够紧以保证对螺钉有足够的预载，同时几个相同螺钉的载力应大致一样。在装配时经常要将几个螺钉先预紧后，再用套筒来加长内六角扳手的力臂来拧紧。

4. 实训操作安全

人身安全是模具拆装的第一要点。在拆装操作过程中应严格按照规范进行，当自己无法确定安全的情况时应及时向老师咨询。以下是一些拆装实训过程中的安全要求：

(1) 拆装前要先检查拆装工具是否完好。

(2) 当模板或模具零件质量大于 25 kg 时不可用手搬动，最好能用行车进行吊装，以免砸伤实训人员。

(3) 吊环安装时一定要旋紧，保证吊环台阶的平面与模具零件表面贴合。

(4) 拆装有弹性的零件（如弹簧）时，要防止弹性零件突然弹出而造成人身伤害。

(5) 任何时候都要严格遵守实习车间内的操作规程，如工具和模具零件的摆放。

(6) 加强学生的安全教育和培训，树立安全第一的思想，杜绝人身事故的发生。

5. 冷冲模的维护

(1) 拆装前后要检查冷冲模的完好情况。

(2) 在拆装过程中有异常情况时不可强行拆装，要找其原因，排出故障，以免有断裂零件，损伤模具。

(3) 注意随时清理模具工作表面，合模时不得有异物。

(4) 运动和导向部位保持清洁，拆装前后要加油润滑，使之运动灵活可靠，防止磨损、卡死。

（5）冲裁面要保持刃口锋利，不能随意摆放，以免碰伤刃口。

（6）使用完毕，要清洁模具各工作部位，涂防锈油或喷防锈剂，已备下次实训使用。

四、试模时常见缺陷的原因及调整办法

1. 冲模试模的主要目的

1）鉴定制件和冲模的质量

在模具生产中，试模的主要目的是确定制品零件的质量和冲模的使用性能好坏。这是由于制品零件从设计到批量生产需经过产品设计、工艺设计、模具设计、模具零件加工、模具组装等若干工艺过程。在这些过程中，任何一项的工作失误，都会引起冲模性能不佳和难以生产出合格的制品零件来。因此，冲模组装后，必须首先经过在生产条件下的试冲，并根据试冲后的成品，按制品零件设计图检查其质量和尺寸是否符合图样规定的要求，其所制造的模具动作是否合理可靠。根据试冲时出现的问题，分析产生的原因，并设法加以修正，使所制造的冲模不仅能生产出合格的零件，而且能安全稳定地投入生产使用。

2）确定制品的成型条件

冲模经过试冲制出合格样品后，可在试冲中掌握模具的使用性能、制品零件的成型条件、方法及规律，从而可对冲模能成批生产制品时的工艺规程制定提供可靠的依据。

3）确定成型零件制品的毛坯形状、尺寸及用料标准

在模具生产中，有些形状复杂或精度要求较高的制件很难在设计时精确地计算出变形前的毛坯尺小和形状。只有通过反复调试模具，使之制出合格的零件后才能较准确地确定毛坯形状和尺寸及用料标准。

4）确定工艺设计、模具设计中的某些设计尺寸

对于一些在模具设计和工艺设计中，难以用计算方法确定的工艺尺寸，如拉深模的复杂凸、凹模圆角，某些部位几何形状和尺寸，必须边试冲，边修整，直到冲出合格零件后，此部位形状和尺寸才能最后确定。通过调试后将暴露出来的有关工艺、模具设计与制造等问题，连同调试情况和解决措施一并反馈给有关设计及工艺部门，以供下次设计和制造时参考，提高模具设计和加工水平。

2. 冲模试模的主要内容

（1）将装配后的冲模能顺利地装在指定的压力机上。

（2）用指定的坯料，能稳定地在模具上顺利地制出合格的制品零件来。

（3）检查成品零件的质量，是否符合制品零件图样要求。

（4）经试模后，为工艺部门提供编制模具生产批量制品的工艺规程的依据。

（5）在试模时，应排除影响生产、安全、质量和操作等各种不利因素，使模具能达到

稳定、批量生产的目的。

3. 冲模试模中常见的问题及解决方法

1）凸凹模间隙不均匀

（1）垫片法与试切法。将凹模固定于模座上，将装好凸模的固定板用螺钉连接在另一个模座上，初步对准位置，但螺钉不要紧固太紧。如图6-37（a）所示，在凹模刃口四周适当地方安放垫片，间隙较大时可叠放两片，垫片厚度等于单面间隙值，然后将上模座的导套慢慢套进导柱，观察凸模1及凸模2是否顺利进入凹模与垫片接触，如图6-37（b）所示。等高平行垫块垫好，用敲击固定板的方法调整间隙直到均匀为止，并将上模座事先未固紧的螺钉拧紧。然后采用试切法，即放纸试冲，由切纸上四周毛刺的分布情况进一步判断间隙的均匀程度，再进行间隙的微调直至均匀。最后对上模座与固定板同钻同铰定位销钉孔，并配入销钉定位。

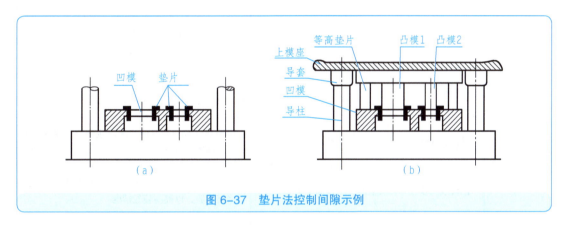

图6-37 垫片法控制间隙示例

（2）电镀法与涂层法。电镀法是指在凸模工作段上镀上厚度与单面间隙相同的铜层或锌层来代替垫片。由于镀层均匀，可提高装配间隙的均匀性，镀层本身会在冲模使用过程中自行剥落而无须安排去除工序。

与电镀法相似，涂层法是指仅在凸模工作段涂以厚度等于单面间隙值的涂料，如磁漆、氨基酸绝缘漆等来代替电镀层。

（3）透光法与酸蚀法。透光法是凭目测观察透过凹模的光线，根据光线的强弱来判断间隙的大小和均匀性。而酸蚀法是先将凸模的尺寸做成与凹模型孔尺寸相同，待装配好后再将凸模工作部分用酸腐蚀法达到规定的间隙值。

2）卸料或推料不顺畅

（1）由于装配不正确，卸料机构不动作。如卸料板与凸模配合过紧，或因卸料板倾斜而卡紧。解决方法：重新装配调整或重新修正卸料板、顶板等零件以达到效果。

（2）弹簧或橡胶的弹力即卸料力不足。解决方法：更换弹性模量更大的弹簧或橡胶。

（3）凹模和下模座的漏料孔没有对正或退料板行程不够。解决方法：重新装备找正，修正漏料孔或加深螺钉沉孔的深度。

（4）凹模有倒锥度造成工件堵塞。解决方法：修配凹模漏底孔。

（5）顶出器过短。解决方法：将顶出器的顶出部分加长。

3）其他一些问题及解决方法

冲裁模试冲时出现的问题及解决方法见表6-1。

表6-1 冲裁模试冲时出现的问题及解决方法

常见问题	产生原因	解决方法
制品毛刺大	凸、凹模间隙偏小、偏大或不均匀	（1）间隙过小，可用油石研磨凸模（落料模）或凹模（冲孔模），使其间隙变大，达到合理间隙值。 （2）间隙过大，对于落料模只好重做一个凸模，对于冲孔模则要更换凹模，重新装配后，调整好间隙。 （3）间隙不均匀，应对凸、凹模重新调整，使之均匀
	刃口不锋利	刃磨刃口端面。若是因硬度而引起刃口变钝，则要把凸、凹模拆下重新淬硬
	凹模有倒锥	制件从凹模孔中通过时边缘被挤出毛刺，将凹模倒锥用锉刀或手动砂轮机修磨掉
	导柱、导套间隙过大，压力机精度不高	更换导柱或导套，使之间隙达到合理要求。选用精度高的压力机
凸、凹模刃口相碰造成啃刃	凸模或凹模或导柱安装时，与模面不垂直	重新安装凸模、凹模或导柱，并在装配后，进行严格检验，以提高装配精度
	平行度误差积累导致凸模、凹模轴心线偏斜	重新装配检验
	卸料板、推件板等的孔位不正确或孔不垂直	装配前要对零件检查，并卸下修正、重新装配
	导向件配合间隙大于冲裁间隙	更换导柱或导套重新研配后，使之配合间隙小于冲裁间隙
	无导向冲模、安装不当或机床滑块与导轨间隙大于冲裁间隙	重新安装冲模或更换精度较高的压力机
制件翘曲不平	冲裁间隙不合理或刃口不锋利	调整合理的间隙，修磨好刃口冲裁。可在模具上增设压料装置或加大压料力
	落料凹模有倒锥，制件不能自由下落而被挤压变形	修磨凹模去倒锥
	推件块与制件的接触面积过小，推件时，制件内孔外缘的材料在推力的作用下产生翘曲变形	更换推件块，加大与制件的接触面积，使制件平起平落
	顶出或推出制件时作用力不均匀	调整模具，使顶件、推件工作正常

续表

常见问题	产生原因	解决方法
级进模送料不通畅或卡死	导料板安装不正确或条料首尾宽窄不等	根据情况重新安装导料板或修正条料
	侧刃与导料板的工作面不平行或侧刃与侧刃挡块不密合，冲裁时在条料上形成很大的毛刺或边缘不齐而影响条料的送进	设法使侧刃与导料板调整平行，消除侧刃挡块与侧刃之间的间隙或更换挡块使之与侧刃密合
	凸模与卸料板型孔过大，卸料时，使搭边翻转上翘	更换卸料板，使其与凸模间隙缩小
凹模被胀裂	凹模孔有倒锥	修磨去掉凹模倒锥
	凹模孔与上模板漏料孔偏移	重新调整，装配凹模，使之孔与下模板漏料孔对中或扩大下模板漏料孔
凸模被折断	卸料板倾斜	调整卸料板
	冲裁产生侧向力	采用侧压板抵消侧压力
	凸模或凹模产生位移，相互位置发生变化	重新调整凸模、凹模相互位置，并固定

温馨提示

冷冲模试模时应注意的事项如下：

（1）试模时所用的板材，其牌号与力学性能制品图样上所规定的各项要求，一般不得代用。

（2）试模所用的条料宽度应符合工艺规程所规定的要求。

（3）试模所用的条料，在长度方向上应保持平直无杂质。

（4）试模时，冲模应在所要求的指定设备上使用。在安装冲模时，一定要安装牢固，绝不可松动。

（5）冷冲模在调试前，首先要对冷冲模进行一次全面检查。检查无误后方可安装在压力机上。

（6）冷冲模的各活动部位，在试模前或试模过程中要首先加注润滑剂以进行良好的润滑。

（7）试模前的冲模刃口，一定要加以刃磨与修整，要事先检查一下间隙的均匀性，确认合适后再安装于压力机上。

（8）试模开始前应检查一下卸料及顶出器是否动作灵活。

（9）试模开始的首件，最好要仔细进行检查。若发现模具动作不正常或首件不合格应立即停机进行调整。

（10）试模后的制品零件，一般应不少于20件，并妥善保存，以便作为交付模具的依据。

> 项目实施

拆卸典型冷冲模，如图 6-38 所示。

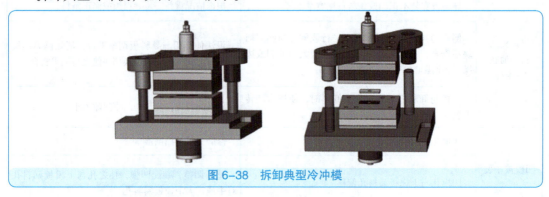

图 6-38　拆卸典型冷冲模

（1）实训设备：典型冷冲模。
（2）拆装工具：内六角扳手、台虎钳、角尺、铜棒、塞尺等。

任务一　典型冷冲模拆卸

 交流讨论
分组讨论复合模的拆卸步骤。

1. 分模

（1）手提法：一般对于小冲模可用双手握住上模板的导套附近，然后用力上提即可使上、下模分离。

（2）敲击法：若手提法不能分离，可将整个模具平放于工作台上，用铜棒敲击下模板四周，即可使其导柱脱离，如图 6-39 所示。

分模完成：注意分离后的上模部分应侧平放置，以免损坏模具刃口。

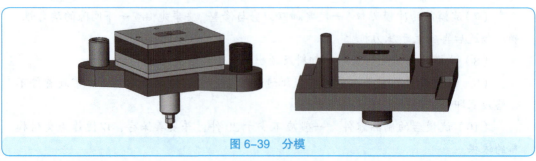

图 6-39　分模

2. 拆卸上模

（1）用内六角扳手拆开卸料螺钉，将卸料板、橡皮（弹簧）从上模中拆出，如图 6-40 所示。

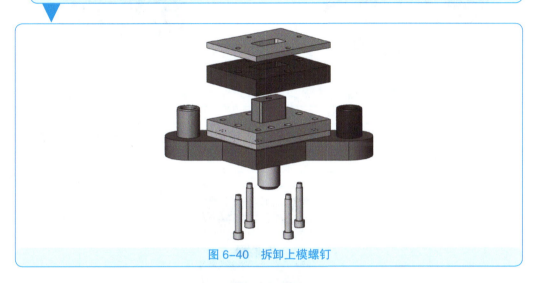

图 6-40　拆卸上模螺钉

（2）敲出定位销钉，用内六角扳手拆开连接上模座和凸凹模固定板的固定螺钉，把垫板、凸凹模固定板、卸料杆从上模拆开，如图 6-41 所示。

（3）用铜棒将压入式模柄从上模座中轻轻敲出，拆下防转销钉，如图 6-42 所示。

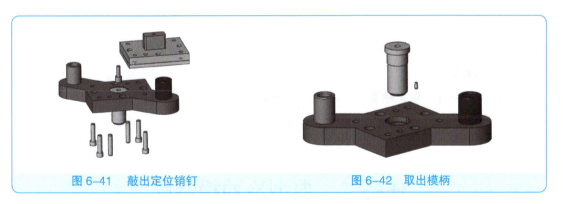

图 6-41　敲出定位销钉　　　　　图 6-42　取出模柄

3. 拆卸下模

（1）用内六角扳手将拉杆螺钉拆开，将橡皮、夹板、顶料杆等顶件装置从下模上拆下，如图 6-43 所示。

（2）将定位销轻轻敲出，用内六角扳手将固定螺钉拆出，把下模垫板、凸模固定板、凹模从下模拆下，如图 6-44 所示。

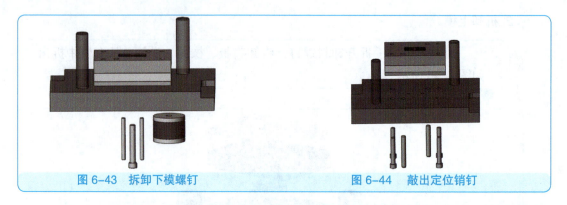

图 6-43　拆卸下模螺钉　　　　　图 6-44　敲出定位销钉

（3）将凹模、推件块、凸模、凸模固定板、下模垫板与下模座分离，如图 6-45 所示。

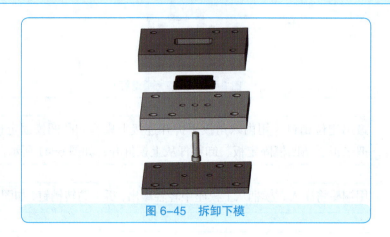

图 6-45　拆卸下模

思考探究

上模拆卸与下模拆卸各有什么相同点和不同点？

任务二　典型冷冲模装配

清理已拆卸的模具零件，并仔细观察零件结构。记录下各个零件的位置，按一定的顺序摆放好，避免在装配时出现错装或遗漏。拟定安装顺序，以"按先拆的零件后装，后拆的零件先装"为一般原则制定装配顺序。在装配模具时要注意调整冲裁间隙。

复合模的安装步骤如下。

1. 安装上模

(1) 用铜棒把凸凹模打入凸凹模固定板相应的孔中，保证凸凹模底部与固定板底面相平。

(2) 安装模柄，打入防转销钉。

(3) 把卸料杆、凸凹模固定板、垫板、上模座按拆卸时所做的标记合拢，对正销钉孔，打入销钉，用内六角螺钉紧固。

(4) 安装卸料橡皮、卸料板，紧固卸料螺钉，保证卸料板工作面高出凸模工作面 1～1.2 mm，打入销钉。

2. 安装下模

(1) 将凹模、推件块、凸模、凸模固定板、下模垫板按照工作位置放在下模座上，对正销钉孔，用螺钉连接（只是预紧）。

(2) 调整间隙，打入销钉，再将螺钉拧紧。

(3) 将橡皮、夹板、顶料杆等顶件装置装入，拧紧拉杆螺钉。

3. 合模

(1) 合模前，找准上下模的位置，并给导柱、导套加润滑油。

(2) 合模时，保证上下模的平行，使导套平稳直入导柱，不可用铜棒强行敲入。

(3) 在上下模刃口即将相遇时要缓慢进行，或者在上下模中间加等高垫铁或方木，防止合模到位后引起冲击。

思考探究

如何保证装配的冲裁间隙均匀？

项目评价

任务结束后填写冷冲模拆装实训评分表，见表6-2。

表6-2 冷冲模拆装实训评分表

类型	项次	项目与技术要求	配分	评定方法	实测记录	得分
过程评价 40%	1	准备工作充分	5	否则扣5分		
	2	能正确制定拆装工艺路线	10	每错一项扣2分		
	3	能正确选用相关工、量具	5	每选错一样扣1分		
	4	工、量具放置正确、规范	5	发现一项不正确扣1分		
	5	零部件放置正确、规范	5	发现一项不正确扣1分		
	6	安全文明生产、劳动纪律执行情况	10	违者扣10分		
实训质量评价 60%	1	分模的拆卸正确	5	不正确扣5分		
	2	上模的拆卸正确	10	一个不正确扣2分		
	3	下模的拆卸正确	10	一个不正确扣2分		
	4	上模的装配正确	10	一个不正确扣2分		
	5	下模的装配正确	10	一个不正确扣2分		
	6	合模的装配正确	5	不正确扣5分		
	7	合模后的冲裁间隙调合理	10	总体评定		

项目拓展

塑料模拆装训练简介

典型注射模分解视图如图6-46所示。

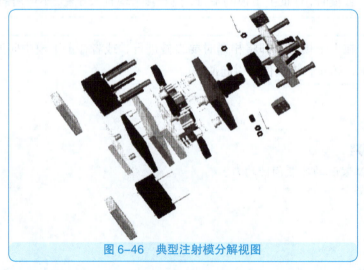

图6-46 典型注射模分解视图

一、塑料模基础

1. 塑料模的分类

将塑料压制成一定形状的制件的模具称为塑料模。按塑料成型工艺特点,塑料模又可分为注塑模、压缩模、挤出成型模、中空吹塑模等。

1)注塑模

将塑料放入注塑机的专用加料腔内加热,在螺杆的推动下加压,使软化的塑料经过浇注系统挤入模具的型腔内,从而制成塑料制件。图6-47所示为注塑模结构形式简图。

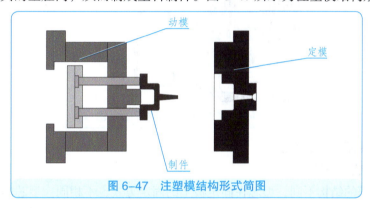

图6-47 注塑模结构形式简图

2)压缩模

将塑料放入模具的型腔内,在液压机上加热、加压,使软化的塑料充满型腔,并保持一定温度、压力和时间,冷却后塑料即硬化成制件。图6-48所示为压缩模结构形式简图。

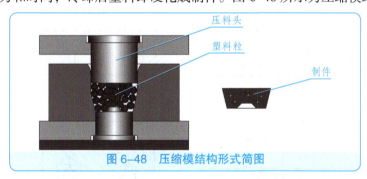

图6-48 压缩模结构形式简图

3)挤出成型模

将塑料放入挤出机的加料筒中,通过加热螺杆使塑料软化,在一定压力下挤出成型,然后在较低的温度下冷却定型。图6-49所示为管材挤出成型机头结构形式简图。

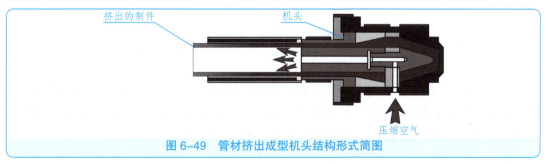

图6-49 管材挤出成型机头结构形式简图

4）中空吹塑模

将管状坯料加热后置于模具型腔内，向管状坯料中注入压缩空气，使坯料膨胀紧贴型腔，然后冷却定型得到中空塑件。图 6-50 所示为中空吹塑模结构形式简图。

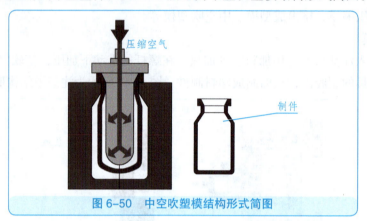

图 6-50　中空吹塑模结构形式简图

2. 塑料模装配常用的方法

1）型芯的装配方法

由于塑料模的结构不同，型芯在固定板上的固定方式也不相同。型芯的固定方式如图 6-51 所示。

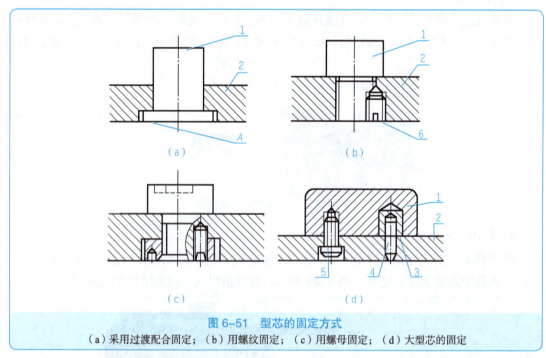

图 6-51　型芯的固定方式
（a）采用过渡配合固定；（b）用螺纹固定；（c）用螺母固定；（d）大型芯的固定

图 6-51（a）所示的固定方式其装配过程与装配带台肩的冷冲凸模相类似。在压入过程中应注意校正型芯的垂直度，以防止压入时切坏孔壁和固定板产生变形。在型芯和型腔的配合要求经修配合格后，在平面磨床上磨平端面 A（用等高垫铁支撑）。

图 6-51（b）所示的固定方式常用于热固性塑料压塑模，对某些有方向要求的型芯，当螺纹拧紧后型芯的实际固定位置与理想位置之间常常出现误差，如图 6-52 所示，α 是理想位置与实际位置之间的夹角。型芯的位置误差可以通过修磨来消除。为此，应先进行预装并测出角度 α 的大小，其修磨量可按相关公式计算。

图 6-51（c）所示的螺母固定方式对于某些有方向要求的型芯，装配时只需按设计要求将型芯调整到正确位置后，用螺母固定，装配过程简便。螺母固定方式适合于固定外形为任何形状的型芯，以及在固定板上同时固定多个型芯的场合。

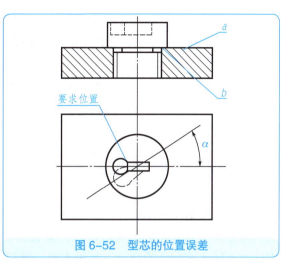

图 6-52 型芯的位置误差

图 6-51（d）所示为大型芯的固定方式，在将型芯位置调整正确并紧固后，要用骑缝螺钉定位。骑缝螺钉孔应安排在型芯热处理之前加工。

大型芯的固定方式在装配时可按下列顺序进行：

（1）在加工好的型芯上压入实心的定位销套。

（2）根据型芯在固定板上的位置要求将定位块用平行夹头夹紧在固定板上，如图 6-53 所示。

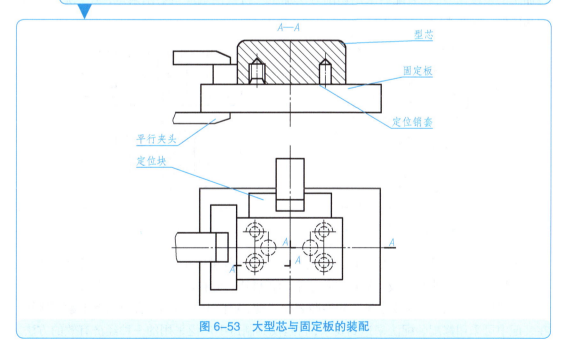

图 6-53 大型芯与固定板的装配

（3）在型芯螺孔口部抹红粉，把型芯和固定板合拢，将螺钉孔位置复印到固定板上取下型芯，在固定板上钻螺钉通孔及钻沉孔，用螺钉将型芯初步固定。

（4）通过导柱、导套将卸料板、型芯和支撑板装合在一起，将型芯位置调整到正确位置后拧紧固定螺钉。

（5）在固定板的背面画出销孔位置，钻、铰销孔，打入定位销。

2）型腔的装配

除了简易的压塑模以外，一般注射模、压塑模的型腔多采用镶嵌或拼块结构，图6-54所示为圆形整体式型腔的镶嵌形式。型腔和动、定模板镶合后，其分型面要求紧密贴合，因此对于压入式配合的型腔，其压入端一般都不允许有斜度，而将压入时的导入部分设在模板上，可在型腔（型芯）固定孔的入口处加工出1°的型腔，其高度不超过5 mm。对于有方向要求的型腔，为了保证型腔的位置精度，在型腔压入模板一小部分后应采用百分表检测型腔的直线部位，如果出现位置误差，可用管子钳等工具将其旋转到正确位置后，再压入模板。为了方便装配可以考虑使型腔与模板间保持0.01～0.02 mm的配合间隙，在型腔装入模板后将位置找正，再用定位销定位。

图6-55所示为拼块结构的型腔。这种型腔的拼合面在热处理后要进行磨削加工，因此型腔的某些工作表面不能在热处理前加工到要求尺寸，只能在装配后采用电火花机床、坐标磨床等对型腔进行精修以达到设计要求。如果热处理后硬度不高（如调质处理至刀具能加工的硬度），可在装配后采用切削方法加工。拼块两端应留磨削余量，压入后将两端面和模板一起磨平。

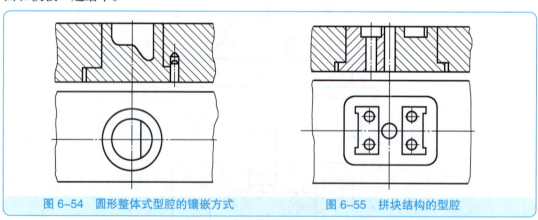

图6-54 圆形整体式型腔的镶嵌方式　　图6-55 拼块结构的型腔

为了不使拼块结构的型腔在压入模板的过程中，各拼块在压入方向上产生错位，应在拼块的压入端放一块平垫板，通过平垫板推动各拼块一起移动，如图6-56所示。

塑料模装配后，有时要求型芯和型腔表面或动、定模上的型芯在合模状态下紧密接触，在装配中可采用修配装配法来达到要求，它是模具制造中广泛采用的一种经济有效的方法。

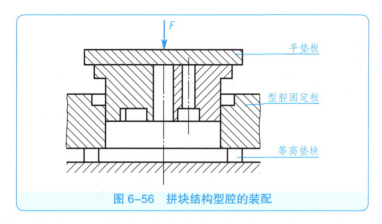

图 6-56 拼块结构型腔的装配

图 6-57 所示为装配后在型芯端面与加料室底平面间出现间隙（Δ），可采用下列方法消除：

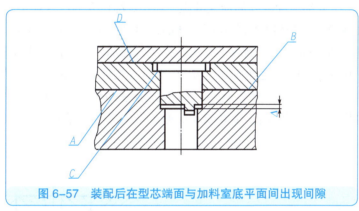

图 6-57 装配后在型芯端面与加料室底平面间出现间隙

（1）修磨固定板平面 A。修磨时需要拆下型芯，磨去的金属层厚度等于间隙值 Δ。

（2）修磨型腔上平面 B。修磨时不需要拆卸零件，比较方便。当一副模具有几个型芯时，由于各型芯在修磨方向上的尺寸不可能绝对一致，不论修磨 A 面或 B 面都不能使各型芯和型腔表面在合模时同时保持接触，所以对具有多个型芯面或修磨的模具不能采用这种修磨方法。

（3）修磨型芯（或固定板）台肩面 C。采用这种修磨法应在型芯装配合格后再将支撑面 D 磨平。此法适用于多型芯模具。

图 6-58（a）所示为装配后型腔端面与型芯固定板间有间隙（Δ）。为了消除间隙可采用以下修配方法：

（1）修磨型芯工作面 A：只适用于型芯端面为平面的情况。

（2）在型芯台肩和固定板的沉孔底部垫入垫片，如图 6-58（b）所示，此种方法只适用于小模具。

（3）在固定板和型腔的上平面之间设置垫块，如图 6-58（c）所示，垫块厚度不小于 2 mm。

173

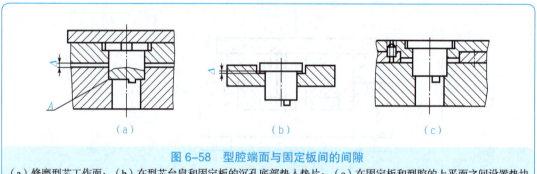

图 6-58 型腔端面与固定板间的间隙
（a）修磨型芯工作面； （b）在型芯台肩和固定板的沉孔底部垫入垫片； （c）在固定板和型腔的上平面之间设置垫块

3）浇口套的装配

浇口套与定模板的配合一般采用 H7/m6。当压入模板后，其台肩应和沉孔底面贴紧。装配好的浇口套，压入端与配合孔间应无缝隙。所以，浇口套的压入端不允许有导入斜度，应将导入斜度开在模板上浇口套配合孔压入端的入口处。为了防止在压入时浇口套将配合孔壁切坏，常将浇口套的压入端倒成小圆角。在浇口套加工时应留有去除圆角的修磨余量 Z，压入后使圆角突出在模板之外，如图 6-59 所示，然后在平面磨床上磨平。如图 6-60 所示，最后再把修磨后的浇口套稍微退出，将固定板磨去 0.02 mm，重新压入后成为图 6-61 所示的形式。台肩对定模板的高出量 0.02 mm 亦可采用修磨来保证。

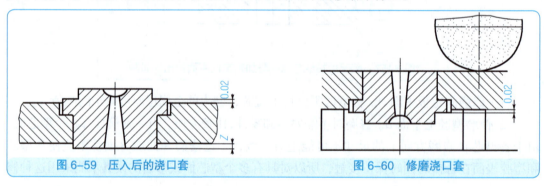

图 6-59 压入后的浇口套　　　　图 6-60 修磨浇口套

4）导柱和导套的装配

导柱、导套分别安装在塑料模的动模和定模上，是模具合模和启模的导向装置，如图 6-62 所示。

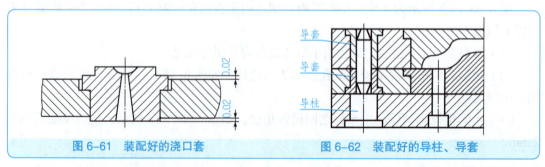

图 6-61 装配好的浇口套　　　　图 6-62 装配好的导柱、导套

导柱、导套采用压入方式装入模板的导柱和导套孔内。对于不同结构的导柱所采用的

装配方法也不同。短导柱可以采用图 6-63 所示的方式压入模板内。长导柱应在导套装配完成后,以导套导向将导柱压入动模板内,如图 6-64 所示。

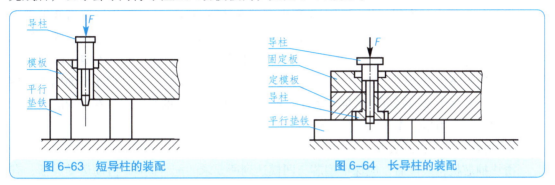

图 6-63 短导柱的装配　　　　图 6-64 长导柱的装配

导柱、导套装配后,应保证动模板在启模和合模时都能灵活滑动,无卡滞现象。因此,加工时除保证导柱、导套和模板等零件间的配合要求外,还应保证动、定模板上导柱和导套安装孔的中心距一致(其误差不大于 0.01 mm),压入模板后,导柱和导套孔应与模板的安装基面垂直。如果装配后启模和合模不灵活,有卡滞现象,可用红粉涂于导柱表面,往复拉动模板,观察卡滞部位,分析原因,然后将导柱退出,重新装配。在两根导柱装配合格后再装配第三、第四根导柱。每装入一根导柱均应进行上述观察。最先装配的应是距离最远的两根导柱。

5)推杆的装配

推杆的作用是推出制件。推杆应运动灵活,尽量避免磨损。推杆由推杆固定板及推板带动运动。由导向装置对推板进行支撑和导向。导柱、导套导向的圆形推杆可按下列顺序进行装配。

(1) 配作导柱、导套孔。将推板、推杆固定板、支撑板重叠在一起,配镗导柱、导套孔。

(2) 配作推杆孔及复位杆孔。将支撑板与动模板(型腔、型芯)重叠,配钻复位杆孔,按型腔(型芯)上已加工好的推杆孔,配钻支撑板上的推杆孔。配钻时以动模板和支撑板的定位销定位。

再将支撑板、推杆固定板重叠,按支撑板上的推杆孔和复位杆孔配钻推杆及复位杆固定孔。配钻前应将推板、导套及导柱装配好,以便用于定位。

(3) 推杆装配。装配按下列步骤进行操作。

①将推杆孔入口处和推杆顶端倒出小圆角或斜度;当推杆数量较多时,应与推杆孔进行选择配合,保证滑动灵活,不溢料。

②检查推杆尾部台肩厚度及推杆固定板的沉孔深度,保证装配后有 0.05 mm 的间隙,对过厚者应进行修磨。

③将推杆及复位杆装入固定板，盖上推板，用螺钉紧固。

④检查及修磨推杆、复位杆顶端面。

模具处于闭合状态时，推杆顶面应高出型面 0.05～0.10 mm，复位杆端面低于型面 0.02～0.05 mm。上述尺寸要求受垫块和限位钉影响。所以，在进行测量前应将限位钉装入动模座板，并将限位钉和垫块磨到正确尺寸。将装配好的推杆、动模（型腔或型芯）、支撑板、动模座板组合在一起。当推板复位到与限位钉接触时，若推杆低于型面则修磨垫块。如果推杆高出型面则可修磨推板底面。推杆和复位杆顶面的修磨，可在平面磨床上进行。修磨时可采用型铁或三爪卡盘装夹。

6）滑块抽芯机构的装配

滑块抽芯机构装配后，应保证型芯与凹模达到所要求的配合间隙；滑动运动灵活，有足够的行程、正确的起止位置。

滑块装配常常以凹模的型面为基准。因此，它的装配要在凹模装配后进行。其装配顺序如下：

（1）装配凹模（或型芯）将凹模压入固定板。磨上、下平面并保证尺寸 A，如图 6-65 所示。

（2）加工滑块槽。将凹模镶块退出固定板，精加工滑块槽。其深度按 M 面决定，如图 6-65 所示，N 为槽的底面。T 形槽按滑块台肩实际尺寸精铣后，钳工最后修整。

（3）配钻型芯固定孔。利用定中心工具在滑块上压出圆形印迹，如图 6-66 所示。按轨迹找正，钻、镗型芯固定孔。

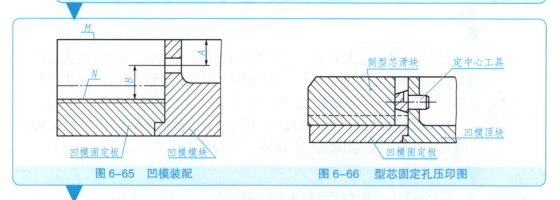

图 6-65 凹模装配　　　　图 6-66 型芯固定孔压印图

（4）装配滑块型芯。在模具闭合时滑块型芯应与定模型芯接触，如图 6-67 所示。一般都在型芯上留出余量通过修磨来实现。其操作过程如下：

①将型芯端部磨成和定模型芯相应部位吻合的形状。

②将滑块装入滑块槽，使端面与型腔镶块的 A 面接触，测得尺寸 b。

③将滑块型芯装入滑块并推入滑块槽，使滑块型芯与定模型芯接触，测得尺寸 a。

④修磨滑块型芯，其修磨量为 $b-a-(0.05\sim0.1)$ mm。其中 $(0.05\sim0.1)$ mm 为滑块端面与型腔镶块 A 面之间的间隙。

⑤将修磨正确的型芯与滑块配钻销钉孔后用销钉定位。

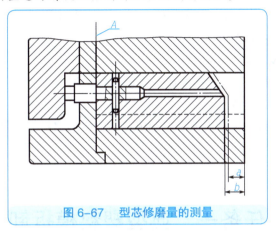

图 6-67　型芯修磨量的测量

7）楔紧块的装配

在模具闭合时楔紧块的斜面必须和滑块均匀接触，并保证有足够的锁紧力。为此，在装配时要求在模具闭合状态下，分模面之间应保留 0.2 mm 的间隙，如图 6-68 所示。此间隙靠修磨滑块斜面预留的修磨量来保证。此外，楔紧块在受力状态下不能向闭模方向松动，所以楔紧块的后端面应与定模板处于同一平面上。

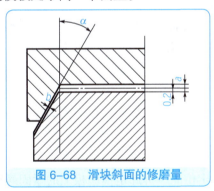

图 6-68　滑块斜面的修磨量

根据上述要求，楔紧块的装配方法如下：

（1）用螺钉紧固楔紧块。

（2）修磨滑块斜面，使与楔紧块斜面密合。其修磨量为

$$b=(a-0.2)\sin\alpha$$

式中　b——滑块斜面的修磨量，mm；

　　　a——闭模后测得的分模面实际间隙，mm；

　　　α——楔紧块的斜度，(°)。

（3）楔紧块与定模板一起钻铰定位销孔，装入定位销。

（4）将楔紧块后端面与定模板一起磨平。

（5）加工斜导柱孔。

（6）修磨限位块。

开模后滑块复位的正确位置由限位块定位。在设计模具时一般使滑动后端面与定模板外形齐平，由于加工中的误差而使两者不处于同一平面时，可按需要将定位块修磨成台阶形。

二、典型塑料模的拆装实训

实训设备、模具及工具

（1）实训设备：注塑机一台；压缩模、注射模各一副（注射模上具有侧浇口、点浇口、侧面分型与抽芯机构各一副）。

（2）拆装工具：手锤、内六角扳手、铜棒、钳台、活络扳手及螺丝刀等。

任务一　典型塑料模拆卸

交流讨论

分组讨论典型塑料模的拆卸步骤。

（1）模具外部清理与观察。

仔细清理模具外观的尘土及油渍，并仔细观察典型注射模外观。记住各类零部件结构特征及其名称，明确它们的安装位置和安装方向（位）。明确各零部件的位置关系及其工作特点。

（2）动模部分拆卸顺序。

拆卸紧固螺钉→动模座板→垫块→拆卸推板上紧固螺钉→推板→推杆→推杆固定板→支撑板→动模板→凸模→导柱。

（3）定模部分拆卸顺序。

拆卸定位圈紧固螺钉→定位圈→拆卸定模座板上的紧固螺钉→定模座板→定模板→浇口套→导套。

温馨提示

各类对称零件，安装方位易混淆零件，在拆卸时要做上记号，以免安装时搞错方向。

（4）用煤油、柴油或汽油，将拆卸下来的零件上的油污，轻微的铁锈或附着的其他杂质擦拭干净，并按要求有序存放。

任务二 典型塑料模装配

以"先拆的零件后装，后拆的零件先装"为一般原则制定装配顺序。在装配模具时要注意调整冲裁间隙。

典型塑料模的安装步骤：

（1）装配前，先检查各类零件是否清洁，有无划伤等，如有划伤或毛刺（特别是成型零件），应用油石平整。

（2）动模部分装配。将凸模型芯、导柱等装入动模板，将支撑板与动模板的基面对齐。将装有小导套的推杆固定板套入装在支撑板的小导柱上，将推杆和复位杆穿入推杆固定板、支撑板和动模板。然后盖上推板，用螺钉拧紧，再将动模座板、垫块、支撑板用螺钉与动模板紧固连接。

（3）定模部分装配。将导套和凹模镶件装入到定模板内，将浇口套装入到定模座板上，再用螺钉将定模板与定模座板紧固连接起来，然后将定位圈用螺钉连接在定模座板上。

温馨提示

典型塑料模的安装要点如下：

（1）导柱装入动模板时，应注意拆卸时所做的记号，避免方位装错，以免导柱或定模上导套不能正常装入。

（2）推杆复位杆在装配后，应动作灵活，尽量避免磨损。

（3）推杆固定板与推板需有导向装置和复位支撑。

参 考 文 献

［1］蒋增福. 机修钳工实习与考级［M］. 北京：高等教育出版社，2005.
［2］林昌杰. 模具制造工艺实训［M］. 北京：高等教育出版社，2007.
［3］赵贤民. 机械测量技术［M］. 北京：机械工业出版社，2011.
［4］赵光霞. 机械加工技术训练［M］. 北京：高等教育出版社，2008.
［5］黄志远，王宏伟. 装配钳工［M］. 北京：化学工业出版社，2007.
［6］黄涛勋. 钳工（高级）［M］. 北京：机械工业出版社，2006.
［7］朱仁盛. 机械拆装工艺与技术训练［M］. 北京：电子工业出版社，2009.
［8］卞洪元. 机械常识［M］. 北京：机械工业出版社，2002.
［9］朱仁盛. 机械常识与钳工实训［M］. 北京：机械工业出版社，2010.